GUTI HUOJIAN FADONGJI JINSHUJIAN ZHIZAO JISHU

固体火箭发动机
金属件制造技术

张立武　韩　冬　王常建　编著

西北工业大学出版社

【内容简介】 本书按专业分为概述、钣金成形工艺技术、旋压工艺技术、焊接工艺技术、金属壳体机械加工工艺、喷管金属件数控化加工、热处理工艺、理化分析技术、计量技术与管理、无损检测技术以及液压试验和应变测试等 11 章。

本书适用于航空宇航推进理论与工程专业、飞行器设计专业硕士研究生及相关技术人员阅读。

图书在版编目(CIP)数据

固体火箭发动机金属件制造技术/张立武,韩冬,王常建编著 . —西安:西北工业大学出版社,2016.3

ISBN 978 - 7 - 5612 - 4765 - 5

Ⅰ.①固… Ⅱ.①张… ②韩… ③王… Ⅲ.①固体推进剂火箭发动机—金属材料—零部件—制造 Ⅳ.①V435

中国版本图书馆 CIP 数据核字(2016)第 038126 号

出版发行:西北工业大学出版社
通信地址:西安市友谊西路 127 号 邮编:710072
电　　话:(029)88493844　88491757
网　　址:www.nwpup.com
印 刷 者:兴平市博闻印务有限公司
开　　本:787 mm×1 092 mm　1/16
印　　张:12.25
字　　数:284 千字
版　　次:2016 年 3 月第 1 版　2016 年 3 月第 1 次印刷
定　　价:88.00 元

《固体火箭发动机金属件制造技术》
编审委员会

总　序

　　航天动力技术研究院(又名中国航天科技集团公司第四研究院)1986 年被国务院学位委员会批准为硕士学位授予单位,现有航空宇航科学与技术、化学工程与技术、材料科学与工程、仪器科学与技术 4 个一级学科硕士学位授权点。

　　为培养航天事业需要的科技人才,保障硕士研究生培养质量,航天动力技术研究院专门开设了"固体火箭发动机技术基础及工程概论"专业课,按固体火箭发动机设计、推进剂理论与工程、装药与总装工艺、复合材料与工艺、金属件制造技术和固体火箭发动机试验测试等 6 个部分开展教材编写工作,2010 年完成了教材初稿编写,2011 年开始使用本教材。经过几年的教学实践,对相关教学内容不断进行完善。2014 年邀请西北工业大学、西安交通大学、第二炮兵工程大学相关专业的教授及院内的专家对教材进行了评审,根据他们的意见,又对教材进行了较大的修改。现在 6 本教材已陆续完稿,包括《固体火箭发动机设计技术基础》《固体火箭推进剂理论与工程》《固体火箭发动机装药与总装工艺学》《固体火箭发动机复合材料与工艺》《固体火箭发动机金属件制造技术》《固体火箭发动机试验测试》,其中《固体火箭推进剂理论与工程》已于 2014 年 5 月先期出版。

　　"固体火箭发动机技术基础及工程概论"系列教材包含固体火箭发动机技术的基础知识、基本理论,融入科研实践和研制经验,参考国外该专业的技术发展,具有鲜明的行业特色。本系列教材不仅可作为硕士研究生培养专业课教材,也可作为相关技术及管理人员的专业参考书和培训教材。

　　在编写本系列教材过程中,得到了航天动力技术研究院和院属四十一所、四十二所、四十三所、四〇一所、七四一四厂、七四一六厂有关专家、领导及人力资源部门的通力合作与支持,在这里谨向他们,尤其是技术专家们表示诚挚的谢意!

　　在本系列教材的编写过程中,我们虽付出大量心血,几经易稿和修改,但难免有疏漏、错误及不足之处,敬请读者提出宝贵意见。

本系列教材编审委员会

2015 年 7 月

代　序

——飞向永恒之梦的动力源泉

自古迄今，从走出非洲的遥远祖先，到互联网时代的思辨青年，人类从未停止对神秘宇宙的追问与探寻，从未停止遨游太空的神思和梦想。及至 21 世纪的今天，航天技术的进步与发展，使得人类探索、开发和利用宇宙空间成为现实。从第一个进入太空的地球人尤里·加加林，到第一个踏上月球的地球人阿姆斯特朗，从第一颗人造卫星的发射到载人飞船太空交会对接，在茫茫宇宙中，人类不断延伸着自己生命的触角，不断向深邃的未知领域释放智慧的光芒。

航天技术是当今世界高技术群体中最具影响力的综合性科学技术之一。生命智慧对于宇宙规律的探求使得人类航天技术不断得以突破性发展，人类活动范围从地球物理空间迅速延伸到外太空以至更远的宇宙。航天技术的变革与进步，又反过来影响人类的思维模式，使整个人类自身的面貌和生活方式也发生了深刻的变化。

固体燃料火箭发动机技术作为航天技术的重要组成部分，为火箭或导弹飞行提供充足的动力。如果把航天飞行器比作一只遨游太空的鹏鸟，那么，固体燃料火箭发动机就是这只鹏鸟的心脏，为翱翔于茫茫宇宙波涛之上的鹏鸟提供源源不绝的前进动力。

中国航天技术的突飞猛进，不仅仅昭示着一个现代化科技大国的实力，更彰显了中华民族沉寂了近百年的自强与自信。在实现我国从航天大国向航天强国跨越的过程中，固体火箭发动机技术的发展起着举足轻重的作用。作为固体火箭发动机技术扛鼎单位的航天动力技术研究院，始终以国家强大、民族昌盛为己任，艰苦创业，顽强拼搏。50 多年来，冲破重重险阻，攻克道道难关，走出了一条自力更生、自主创新的中国航天固体动力发展之路，推动我国航天固体动力事业从无到有、从小到大、从弱到强的历史性跨越，圆满完成了以"两弹一星工程""高新工程"和"载人航天工程"为代表的各项重大任务，为增强国家战略安全能力和综合国力做出了突出贡献。

十八大以来，新一代中共中央领导集体持续倡导人才强国战略，而实现航天强国的夙愿必须依靠大量高素质人力资源。自 1986 年，航天动力技术研究院被国务院学位委员会批准为硕士学位授予单位以来，至今从事学位与研究生教育已 30 年。在多年的工程实践和教学研究中，积累并形成了一系列具有自主知识产权的航天固体动力核心技术。为了更好地做好技术传承，为国家航天事业构建人力资源梯队，培养专业知识精英，我们组织了包括固体火箭发动机设计、推进剂理论与工程、装药与总装工艺、复合材料与工艺、金属件制造技术和固体火箭发动机实验测试等六大部分的教材编写工作，经过 5 年多的教学实践和不断完善，已经形成了一套较为系统的硕士研究生教材。除了凝聚众多固体火箭专业研究人员的智慧结晶之外，这套教材的最大特色在于扎实的技术基础与具体的工程实践紧密结合。

探索一切事物是人类的本性。美国的物理学家 F. J. 戴森说："在上帝给了我们生命之后，科技可能是它赐给我们最贵重的一份礼物。"航天技术是科技的一部分，它仍将不断进步成长，并且继续帮助人类摆脱过去的束缚和羁绊。我们要珍惜、善待这份特殊的珍贵之礼，承继敢于探索、勇于献身的精神血脉，薪火相传，把关乎民族自信、国家富强乃至人类发展的航天事业不断推向前进。

　　我儿时一直存有一个天地之梦，梦想未来人类的飞行，能够像一只自由之鸟，翩翩飞舞于浩瀚无垠的太空，与宇宙万物对话，与造物之主谈心。现在，面对复杂的、全方位无限的未来，我仍无法预知其终点。但我相信，手头的这套教材，是通往天地之梦的一个阶梯，为我们的前行提供动力源泉，扶持我们向着永恒之梦不断追寻。

田维平 *

2015 年 7 月

---

　　* 田维平，博士，研究员，博导。现任航天动力技术研究院院长，中国宇航学会固体火箭推进专业委员会主任。

前　言

本书按照中国航天科技集团公司第四研究院人力资源部自培研究生教材编写要求组织编写，作为固体火箭发动机材料加工成型专业硕士研究生教学用书。

本书的基本内容包括三方面：一是固体火箭发动机金属机制造概述；二是固体火箭发动机金属件制造各主要专业工艺技术；三是固体火箭发动机金属件制造过程所涉及的专门检测技术、理化分析及计量技术。全书共 11 章，第 1 章为概述，第 2～7 章为固体火箭发动机金属件制造各主要专业工艺技术；第 8～11 章为固体火箭发动机金属件制造过程中检测、试验技术。

作为自培硕士研究生专业教材，本书以固体火箭发动机金属件制造各相关专业基本理论和工艺概述为主，重视工艺过程、工艺条件及物理概念的阐述，注重典型结构件成熟工艺分析，并力求反映近年来固体火箭发动机制造各专业工艺技术发展水平与发展方向。

本书是由中国航天科技集团公司第四研究院固体发动机金属件制造工艺人员根据多年的工作经验编写，第 1 章由张立武、王卫玲、胡媛媛编写；第 2 章由张立武、胡春海、王秉祥、熊然编写；第 3 章由韩冬、李增辉、杨延涛、赵琳瑜、牟少正、温树斌、曹学文编写；第 4 章由王常建、王卫玲、张黎旭编写；第 5 章由张立武、焦永灵编写；第 6 章由阎天成编写，第 7 章由韩冬、张曦宁编写；第 8 章由王常建、陈碧玮编写；第 9 章由王常建、吕鑫编写；第 10 章由韩冬、安宏庆、刘许龙、冯越编写；第 11 章由张传凯编写。全书由张立武、韩冬、王常建、王亚社、李俊峰、王建锋审稿，完成全书内容结构安排和最后定稿工作。此外，胡媛媛对本书的编写和出版做了大量的工作。

全书承中国航天科技集团公司第四研究院人力资源部同仁们的详细审阅，提出了宝贵意见，谨此致谢！此外，在出版过程中还得到西北工业大学出版社华一瑾编辑的帮助，在此一并表示感谢。

由于水平和经验有限、编写时间仓促，书中缺点和错误在所难免，欢迎读者给予批评指正。

编　者

2015 年 7 月

目　录

第1章 概 述

固体火箭发动机燃烧室壳体是发动机的关键部件。发动机工作时,燃烧室壳体要承受很高的工作压力,因此,固体火箭发动机燃烧室壳体类似一种特殊的高压容器。

常规固体火箭发动机燃烧室壳体分为金属壳体和复合材料壳体。金属壳体一般由前后接头、前后封头、前后裙框及圆筒段组焊(筒体)热处理后精加工而成;复合材料壳体一般由前后接头、前后连接裙及纤维缠绕层,经缠绕、固化后精加工而成。

根据设计一般性要求,固体火箭发动机金属壳体的主要技术指标:①壳体材料力学性能;②焊缝力学性能及无损检验要求;③壳体检验压强和爆破压强指标;④壳体的几何尺寸及精度要求;⑤壳体质量指标要求。

金属壳体制造工艺主要任务是如何在保证上述技术指标要求下,经济的设计工艺路线和途径,将设计转化为产品,即设计合理的壳体制造工艺流程和各专业加工方法。为了更好地掌握壳体制造工艺流程的知识,下面介绍壳体的制造工艺流程:①金属壳体结构;②金属壳体材料;③金属壳体的工艺性分析;④金属壳体制造工艺流程及要求。

1.1 金属壳体结构

根据燃烧室设计压力及工作直径等要求,金属壳体一般分为卷板焊接成形壳体、机加工成形壳体及压力成形壳体三种。卷板焊接成形壳体适用于 ϕ320 mm～ϕ1 400 mm 直径,中等工作压力(10 MPa)战术导弹用发动机中,其壳体主要有前后接头、前后封头、前后裙框、筒体、左右电缆座和适配器块组成。必要时,还有叉形件和反喷管座等复杂部件。对于直径为 ϕ1 200 mm 壳体,结构上应增加叉形件。其中前后封头是由金属板材压力加工成形;筒体是由板材经卷圆、焊接而成;其他零件均为锻件机加工而成。由于其主要零件筒体是由卷圆、焊接而成形,故称该种壳体为卷板焊接成形壳体。该壳体广泛用于批产战术导弹。

机加工成形壳体适用于直径在 ϕ300 mm 以下战术导弹用发动机中,其壳体筒体和封头部分均为机加工而成形,壳体上可有环焊缝。由于其主要零件是机加工而成形,故称之为机加工成形壳体。该壳体适用于预研型号的小型发动机中,不适用于批产战术导弹中。

第三种为压力成形壳体,该壳体适用于大、小直径和中、高压多种导弹的发动机。该壳体的组成与卷板焊接成形壳体的组成形相同,不同之处为其筒体部分的成形由压力加工而成。该压力成形又分为拉深成形和旋压成形。由于旋压成形筒体无纵向焊缝,故该种壳体可承受较高的工作压力。

ϕ300 mm 以下发动机金属壳体由于受卷板设备限制,一般均选用压力成形的方法,对重要的大直径战略导弹发动机一般也选用旋压成形壳体。

1.2　固体火箭发动机用金属材料

1.2.1　固体火箭发动机用金属材料一般要求

固体火箭发动机壳体既是固体推进剂的容器—燃料箱，又是燃烧室壳体，它是固体发动机的主要承力部件，主要承受燃烧产物的压力和外部载荷。因此，发动机壳体要求材料具有以下性能。

1）高强度和高模量——为提高发动机的质量比和喷管冲压比，要求金属结构材料应具有高比强度(Rm/P)和高比模量(E/P)。

2）高韧性——发动机在加工、运输、储存和使用过程，会遇到各种预期的或意外的外加载和环境介质，如冲击、振动和腐蚀介质等，它们有可能危及到发动机的安全可靠性，所以要求材料具有良好的韧性和断裂韧度等。

3）可加工性——壳体上采用的金属材料应具有可成形性、可焊接性、可热处理性和可切削加工性。主要指标有断面收缩率、延伸率、碳当量和硬度值等。

4）经济性——金属原材料成本主要取决于合金元素的种类及数量、冶金工艺、流程及使用的冶金设备。材料的总费用还包括模具费、加工费、检验费和试验费等。

1.2.2　固体火箭发动机用金属材料种类

按金属材料分类，固体火箭发动机用金属材料大致有高强度钢和超高强度钢、铝合金和钛合金。高强度钢和超高强度钢有 25CrMnSiA，30CrMnSiA，30 CrMnSiNi2A，20CrMnTi，32SiMnMoV，28Cr3SiNiMoWVA，35SiMnCrMoV（406），34SiZMnCrMoVA（406A），30SiMnCrMoV(D406)，30SiMnCrMoV(D406A)，45 CrNiMo1V(仿 D6AC)，T-250 和 C-250 等；铝合金有 LD10，LC9，147 和 ZL205A 等；钛合金主要有 TC4，TC9，TC11 和 ZTC4 等。其中，铝合金和钛合金主要用于非金属壳体金属件及喷管金属件中。

1.3　燃烧室金属壳体制造工艺性分析

固体火箭发动机燃烧室金属壳体是一特种高压容器，据其结构特点及火箭总体指标要求，其制造工艺有以下特点。

1）发动机金属壳体均为薄壁壳体，加工过程中刚性较差，各工序环节要充分考虑到该产品结构特点，多采用工夹具来增强工艺系统刚性，保证产品几何精度。

2）发动机金属壳体由多个零件焊接而成，整个壳体要经过退火、整体热处理和机加工等多种冷、热加工序，各工序将使壳体产生变形。因此，防止壳体变形是工艺要解决的关键技术之一。

3）发动机金属壳体要求经过水压检验，焊缝质量要求高，尤其是对纵焊缝要求更高，均经过 X 射线无损检验,确保焊接质量达到要求。同时,对壳体壁厚要求均匀,壁厚公差要尽量小,在加工过程中壳体、封头上要严格保护,防止划碰伤。

4)金属壳体为高压容器,对其原材料质量要求较高,尤其是超高强度钢,均要求双真空冶炼,以减少杂质及有害元素,提高力学性能。在材料入厂时,要经过严格的全项复验。

5)对于超高强度钢金属壳体,由于其调质后硬度达 HRC54,其上小螺纹加工是一难点,必须采用可靠的工艺及专用刀具,保证螺纹加工精度要求。

6)金属壳体封头根据几何尺寸及要求采用机加工、拉深及旋压加工而成,筒体采用钣焊或旋压成形。因此,金属壳体制造过程中需要设计制造多种模具,尤其是大型发动机金属壳体,其模具体积大、结构复杂,几何精度要求高。

1.4　金属壳体制造工艺流程

根据壳体结构设计要求,固体发动机金属壳体制造工艺一般分为三种工艺路线:

1)卷板焊接成形工艺路线——主要指其筒体成形是由卷板焊接而成的,适用于 φ350 mm~φ2 000 mm 直径金属壳体成形;

2)旋压成形工艺路线——其筒体由环筒锻件毛坯旋压成形,适用于多种直径壳体;

3)锻件或无缝管机加工成形工艺路线——其半壳或筒体是由锻件或管材切削加工而成的。

对于卷板焊接成形工艺,主要工序有板材下料、划线、刨、铣、焊接坡口、卷圆、封头拉深成形、焊接、退火、校圆、X 射线检验、车坡口、组焊壳体、退火、调质处理、精加工、水压试验和总检。对于旋压成形工艺,主要工序有环轧毛坯、检验、粗加工、无损检测、旋压、退火、无损检验、超声波检验、车坡口、组焊壳体、退火、调质处理、精加工、水压试验和总检。对于锻件或无缝管机加工成形法,主要工序有车加工、无损检测、焊接(必要时)、退火、调质处理、精加工、水压试验和总检等。

上述工序中,特别要强调的是发动机金属壳体表面质量要求较高,不允许有任何皱折、裂纹、划痕、压伤和腐蚀斑点等缺陷,这就要求壳体零部件成形过程中,操作者要严格细致,一丝不苟,严格工艺纪律,保证产品质量。发动机金属壳体的检验是非常严格的,检验的项目有原材料的力学性能、化学成分、产品随炉试片的力学性能、焊缝的内外部质量、产品的各项几何精度、产品表观质量、产品质量和内承压能力等。主要的检验设备涉及到光电直读光谱仪、C−S联定仪、电子拉伸机、冲击试验机、断裂韧性试验机、超声波探伤仪、X 射线探伤机、三坐标测量机、表面粗糙度测试仪、壁厚测试仪、电子称重仪和水压气密实验装置等。

发动机金属壳体成形主要技术有薄壁圆筒旋压技术、变壁厚封头旋压技术、超高强度钢熔焊技术、超高强度钢壳体整体热处理技术、超高强度钢壳体整体复合加工技术、超高强度钢螺纹加工技术、金属壳体成套工装设计制造技术、超高强度钢毛坯精制成形技术、无损检测技术及质量可靠性技术等。

思　考　题

1.简述固体火箭发动机用金属材料种类。

2.简述固体发动机金属壳体制造工艺流程。

第 2 章　钣金成形工艺技术

　　钣金成形工艺技术(钣金冲压工艺)是压力加工中的重要分支,是机械制造工业中一种经验性很强的传统的基本加工方法,是航天产品制造技术的重要组成部分。

　　板材组成的薄壳结构是大多数航天产品(导弹、火箭、卫星、飞船)的主体结构,钣金成形工艺技术是其必不可少的加工手段。航天产品钣金成形工艺技术之所以有别于一般机械制造的钣金成形工艺技术,是由航天产品的结构特点和生产方式所决定的。构成航天产品主体结构和气动外形的钣金(冲压)零件,尺寸大小不一,形状复杂,品种繁多,选材各异,数量不等,有严格的重量控制指标和确定的机械性能指标。与一般机械制造业相比,航天产品的钣金(冲压)零件有以下特点。

　　1)零件加工方法,除采用一般的、传统工艺方法外,还有本行业独特的工艺技术,从手工操作、半机械化到柔性制造系统,其工艺技术水平差异很大;

　　2)零件多以专用设备加工,使用的工艺装备品种多,协调关系复杂,生产准备工作量大,生产周期长;

　　3)工艺过程复杂,质量控制严格,必须满足零件外形、尺寸准确度、强度、表面粗糙度及表面保护等各项技术要求,不仅要具备高水平的制造技术,还需要有对加工全过程实施质量控制和检测的手段;

　　4)材料选择面宽,品种多,常用的有铝及铝合金、镁合金、铜及铜合金、钛及钛合金以及碳素钢、合金钢、不锈钢、高温合金等金属材料。

2.1　钣金技术基础知识

2.1.1　钣金工艺技术的工作内容和工艺程序

　　钣金工艺技术的主要内容是按机械产品设计图样的要求,应用钣金工艺技术,通过先进、有序的工艺过程手段,使用精良、实用、先进的工装及设备,对钢板、型钢等材料通过下料、成形、组装、连接、等工艺过程完成工件的制造。

　　钣金工艺技术的实施一般包括准备、放样、下料、成形、装配、焊接、打磨、校形、检验等工序。

1. 准备工序

　　制造加工前的准备工作包括图纸及会审、加工艺制定、工装设备准备、生产组织及人员的配备,工作场地及安全检查,原材料及半成品进厂验收等。准备工作是工艺技术实施的基础条件,材料的入厂检验是保证产品质量符合要求的关键工序。

2. 放样工序

以工件图样和技术要求为依据,通过几何作图方法、计算作图方法、结合线投影规律等方法绘制工件展开平面图,进行零件的钣金放样。对工件进行放样,确定其放样形状和外形尺寸,必要时制作放样样板,为工件下料做好准备。钣金放样是钣金下料的重要依据,必须保证准确无误。

3. 下料工序

下料分为毛坯料的粗下料和半成品零件的精确下料。依据工件放样的形状和外形尺寸,在钢材上标记或打样冲进行号料划料。下料一般采用机械切割,包括剪切、铣切、锯断、砂轮机切割;热熔切割,包括气体切割、等离子切割、激光切割;冲裁切割,包括冲模冲裁、签削冲裁。

4. 成形工序

工件毛坯材料下料后,通过切割、弯曲、压制、冲裁或机械加工等成形方法将工件下料后的毛坯材料按图纸和技术要求加工成形并调整矫正符合要求。工件加工成形工序应保证工件的零部件,按图纸和技术要求完成加工成形后,才能保证产品组装质量。

5. 装配工序

将符合要求的成形工件的零部件,按图样表示位置关系要求连接在一起,并用焊接、铆接等方法定位,使其形成符合要求的工件整体。工件的零部件装配前必须按图纸要求,对加工成形的零部件存在的质量缺陷,特别是变形缺陷进行矫正,才能确保组装质量符合要求。

6. 焊接工序

焊接是钣金工件连接常用方式之一。焊接工序虽然由焊工完成,但是焊接工作却与钣金工作密切相关,在钣金工保证装配质量符合要求的前提下,由焊工对装配工件进行定位。焊接工序是整个钣金工艺中的关键工序,保证焊接质量可靠性和防止焊接变形缺陷是非常重要的。焊接时防止变形和矫正工作由钣金工协助完成。钣金工件的装配连接也可以根据要求采取其他连接方式完成。

7. 检验工序

检验贯穿在各加工序中,工件按工序要求完成后,应按图纸要求和相关规范要求进行终检,所以在工序管理中将检验工序着重提出。检验工序主要是把质量关,应坚持"产品工序检验不合格严禁进入下道工序施工"的基本原则。

可以看出钣金加工艺是一个较复杂并综合管理和实践管理要求很强的工艺过程。在这个过程中,钣金工应协同焊工、钳工和机械加工各工种发挥团队精神,按工艺技术规范标准作业,才能更好地完成机械设备工件的制造加工任务。

钣金工艺技术随生产技术和新技术、新工艺、新材料和新设备的不断涌现,使其钣金工艺技术水平不断提高和发展,并促进机械工程技术的发展和提高。

2.1.2 钣金常用工艺

钣金技术涉及的加工艺比往往比较繁杂,为了叙述方便,归纳为下料工艺、成形工艺、装配工艺、连接工艺和检验工艺。这五类工艺中包含许多具体的加工方法,现分述如下:

1. 下料工艺

就是在毛料(板材或型钢)上按照已完成放样的图样(放样图)进行下料。通常采用的方法有手工剪切、机械剪切、冲裁加工、火焰切割、等离子气割和激光切割等。下料时可根据不同技术要求、批量的大小和成本等因素进行选择。下料方法不同,按图样下料加工余料等因素会有不同的选择。

2. 成形工艺

成形工艺是钣金加工中最为关键的一个环节,它在满足设计要求、提高加工效率和产品质量以及降低成本方面起到至关重要的作用。成形工艺包括人工成形、机械成形、顶压成形、爆炸成形等。其中人工成形是传统钣金工必须掌握的基本技能;而机械成形是目前最为常用的工艺,它通过卷弯设备、压弯设备及模具、压延设备及模具、弯管设备及模具来实现钣金工件的成形。成形方式不同,按图样下料长度不尽相同,应考虑周到。下料尺寸过大浪费材料,提高了成本,有时也会给加工带来困难;而下料不足又会造成工件废品。加工成形的工艺技术是保证产品质量提高工效的关键。

3. 装配工艺

钣金工常用的装配方法有地样装配法,仿形装配法,卧式、立式及倒装装配法。钣金装配的特点:

1)钣金件一般加工精度较低,互换性差,装配时常需修配、选配或调整。

2)冷作件一般体积较大,局部刚性较差,易变形,装配时应考虑加固措施,对某些特别庞大的钣金件,为考虑运输、吊装的方便,常需要单件分组出厂至工地进行总装,必要时可将不可拆连接改为临时的可拆连接。

3)装配过程中,常伴有大量的焊接工作,应掌握焊接的应力和变形规律进行相应反变形调整,以减小焊接后变形和矫正的工作量。

此外,焊接等不可拆连接返修困难,故对装配方法、装配顺序、焊接顺序应严格控制,以避免返修,保证装配焊接质量。装配工艺不同,在识图下料时应考虑临时支撑及满足装配工艺的要求。

4. 连接工艺

这里是指将两个或两个以上的零件接头或部件接头结合在一起的方法。钣金工常用的连接方法有焊接、铆接、咬缝(咬口)连接、螺纹连接和胀接。在实际生产中选用具体连接工艺时要统筹考虑其可靠性与经济性。

2.1.3 钣金常用金属材料

钣金件所用的主要材料是板材和型材及其他形式的金属材料。因此,对常用的钢材和型钢的牌号、规格、性能及标记方式有所了解,才能正确识别图纸关于材料的标记,并选用材质符合要求的钢材和合理的加工方法。

1. 常用板材

常用的钢板材料有冷轧和热轧低碳钢板、中碳钢、低合金板等。有色金属中有黄铜、紫铜、铝及铝合金、钛合金等。

1)低碳钢钢板。它是碳素钢的一种。常用低碳钢板的厚度在 0.5～100 mm 之间(表示符号为 Q235A /B 等),有中等的抗拉强度(300～500 N/mm²)、较好的塑性和较低的硬度,因此,最适合于承受冲击、弯曲等压力加工,压弯件、压延件常选用这种材料制造。这种材料也最适合于手工操作制造各种钣金零件。这种材料还具有很好的可焊性,用电弧焊、气焊、二氧化碳保护焊、钎焊及接触焊都可获得良好的焊接质量。焊后无淬火组织,不会变脆。

2)中碳钢和低合金钢钢板。中碳钢含碳量高于低碳钢。低合金钢是在碳素钢中加人少量合金(锰、硅等),改变钢材的性能,一般有较好的硬度和强度,适合承压和强度要求较高的各种机械零件,但可焊性一般,应适当调整焊接方式和焊接参数进行焊接。中碳钢表示符号为 30,35,40 等,低合金钢钢板常用低锰钢钢板表示,符号为 12MnR,16MnR,其中 R 代表压力容器用钢。

3)纯铜薄板。纯铜板塑性好,其伸长率可达 50％,但抗拉强度较低,约为 220 N/mm²,这样的特性很适合冷压加工。纯铜的牌号有:T1,T2,T3,TU1,TU2,TP1,TP2 等。由于铜的塑性较好,固体火箭发动机金属壳体校形时常采用较薄的铜片作为衬垫,避免锤击对产品表观产生损伤。

4)高强度钢及超高强度钢。为了满足固体火箭发动机金属壳体高强度、高韧性的要求,我国战略、战术型号、宇航型号发动机壳体及喷管目前多采用以高强度钢 30CrMnSiA 及超高强度钢 D406A 为代表的材料,其最大拉伸强度分别为 1 200MPa、1 700 MPa。

5)有色金属。铝合金有 LD10,LC9,147,ZL205A 等;钛合金主要有 TC4,TC9,TC11,ZTC4 等。其中铝合金和钛合金主要用于非金属壳体上金属件及喷管金属件。新型小型背景型号中也在逐步考虑使用高强度铝合金及钛合金作为固体发动机金属壳体材料。

2. 常用型钢

型钢主要有圆钢、扁钢、角钢、槽钢、工字钢等。钣金工接触较多的是角钢和槽钢。角钢和槽钢多采用低碳钢热轧而成,有标准的截面尺寸规格,长度随型号大小不等。型钢多用于制造钣焊成形、装配用各种工装。

2.1.4　钣金常用工具、量具

钣金工艺是比较复杂的工艺过程,所以使用的工具、量具种类繁多。下面简单介绍常用工具、量具及使用方法,以便在施工实践中正确安全地使用工具、量具,使其发挥作用,保证生产操作和运行的安全。

1. 一般工具

1)平台。钣金放样、调矫、成形或装配工作一般需要在平台上完成,平台的平面度一般具有较高的要求,有时甚至对平台的水平度、表面粗糙度也有较高的要求。

2)划线工具。划线工具在放样下料和装配工作中经常使用。一般常用的划线工具除手锤和平台外,还有划规、地规、划针、样冲等。图 2-1 所示为地规,常用于大尺寸半径划线使用;图 2-2 所示为样冲,常用于划线标记。

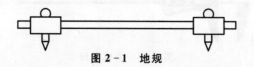

图 2-1　地规

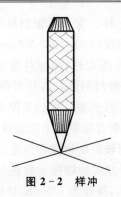

图 2-2　样冲

2. 电动工具

钣金工常用的工具还有各种小型电动工具。电动工具种类繁多，用途和用法各不相同。常用小型电动工具有电剪、电动砂轮锯、电动切管机、电钻、电动扳手、电动角向磨砂轮机等。电动工具使用时应注意安全，防止触电和机械伤害事故发生。以下着重介绍固体火箭发动机金属壳体制造中常用的电动工具。

1）小型角磨机（又称"手提砂轮机"）。小型角磨机常与砂轮片、钢丝轮及弹性磨盘配合使用，用于打磨、修磨、抛光及清理。有时也采用带有砂轮片的小型角磨机进行小件的切割。

在火箭发动机金属壳体制造中，常使用带有砂轮片的小型角磨机打磨壳体内焊缝余高，以及对需要补焊部位的缺陷进行打磨，缺陷排除后，使用钢丝轮对打磨处进行清理；使用带有弹性磨盘的小型角磨机修磨板料表面的凹坑、划痕，抛光壳体内焊缝。

2）电动直磨机。直磨机可以配合各种带柄尼龙轮、叶片轮、砂轮、抛光轮使用，常用于金属壳体表面氧化皮的磨削及抛光。

3）手电钻。手电钻配合钻头使用，用于打孔；也可与柱型端刃旋转锉、倒锥形旋转锉、90°盘型旋转锉及锥型圆头旋转锉配合使用，用于局部修磨，焊接中常用于焊缝缺陷的排除。

3. 量具及使用

钣金用量具主要用于作业度量、产品检验和其他辅助工作。常用的量具有钢板尺、卷尺、游标卡尺、数显卡尺、塞尺、直线度测量器等。

1）塞尺由一组具有不同厚度级差的薄钢片组成的量规，主要用于测量间隙尺寸。一般采用不锈钢制造，最薄的为 0.02 mm，最厚的为 3 mm。在 0.02～0.1 mm 之间，各钢片厚度级差为 0.01 mm；在 0.1～1 mm 之间，各钢片厚度级差为 0.05 mm；在 1 mm 以上，钢片的厚度级差为 1 mm，在钣金装配中，塞尺常用来测量焊缝处的装配间隙与装配错边量。

2）游标卡尺是测量精度较高的一种长度量具。游标卡尺分普通游标卡尺、深度游标卡尺和高度游标卡尺等（见图 2-3）。普通游标卡尺常用来测量工件的内外径和长度；深度游标卡尺用来测定孔的深度；高度游标卡尺用来测量工件高度尺寸，也可以用于立体划线。游标卡尺属精密量具，应注意按正确的使用方法检测，并应按要求定期检验校对。

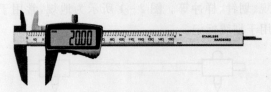

图 2-3　游标卡尺

目前,在固体火箭发动机金属壳体外部件的装配中,常采用精度较高、读数直观的数显卡尺来保证外部件的装配尺寸。

3)直线度测量器。由于固体火箭发动机的几何精度要求较高,金属壳体组焊成形后需保证壳体的直线度。所使用的直线度测量器是采用两个同规格的圆柱形永磁铁和一根一定长度的细线组成,圆柱永磁铁的一个端面中心加工有螺钉,用于压紧细线。使用时,将发动机壳体水平放置,在壳体两端分别放置永磁铁,将细线水平固定于磁铁螺钉上,测量细线与壳体之间的间隙尺寸,间隙尺寸的极限差值即为壳体的直线度。

4)焊缝检验尺是焊缝检验坡口角度、对接间隙、焊角高度、焊缝高度等多种功能的专用量具,在焊接作业和检验中经常使用。

钣金检测量具随着工艺技术的发展逐步发展,数控、红外线等检验仪器在实践中已大量应用。

2.2　钣金划线与下料

2.2.1　放样与划线

放样就是在正确识图的基础上,根据产品的结构特点、施工要求等条件,按一定比例(通常取 1∶1)准确绘制出结构的全部或部分投影图,并进行结构的工艺性处理,有时还要进行展开和必要的计算,最后获得施工所需要的数据、样板、样杆和草图。

按照不同产品的结构特点,放样可分为线性放样、结构放样、展开放样三大类,且后者是在前者的基础上进行的。线性放样,就是在投影平面上用几何作图的方法绘出实际投影图;结构放样,就是在绘制出投影线图的基础上,只进行立体工艺性处理和必要的计算,而不需要作展开,例如桁架类构件的放样等;展开放样,就是在结构放样的基础上,再对构件表面进行展开处理的放样。应该说线性放样是其他放样的基础。在固体火箭发动机金属壳体、喷管的制造中,放样的零件形状主要有圆筒、锥筒以及圆筒上的开孔。

放样划线是钣金工艺技术中一个极其复杂和重要的关键工序,是保证产品质量、提高工作效率的重要环节之一。因此,要求正确无误地完成放样划线的工作是十分必要和重要的。

2.2.2　钣金下料加工

1. 钣金下料方法及其选用

钣金下料是钣金工艺中的首要和重要工序,是按图样要求将原材料切割成毛坯的钣金工艺工序过程。钣金下料的方法很多,可分为剪切、铣切、锯切、气体火焰切割及激光切割等。常用下料方法在生产中可以根据零件产品的形状、尺寸大小、精度要求、材料的类型、生产数量及现场设备条件等情况来选择合理的下料方法。

2. 钣金下料的准备工作

钣金下料是钣金工艺技术首道工序。通过钣金下料取得工件的毛坯,有些还需进一步加工,有些则为一次下料成形,不再留有加工余量,工件下料后直接进入组装焊接工序。无论是哪种情况,下料工序的质量十分重要,直接关系到工件加工和组焊的质量,所以下料前要做好准备工作。

3. 下料加工前材料检验

下料前的准备工作,主要是检查原材料应符合要求,特别是钢材的验收和钢材变形缺陷的矫正。

钢材的质量在材料进场前就应按材料质量控制要求进行验收,合格才能入库。在下料工序中,支领材料时,应对材料的规格、类型等按图样要求进行检查复核。

在固体火箭发动机金属圆筒件的卷制中,下料前应对板料表观进行仔细检查,对存在的锈蚀凹坑、划痕等缺陷须在保证壁厚的前提下进行打磨、抛光处理,不允许将锈蚀凹坑、划痕等缺陷带入下道工序。

4. 下料划线

钣金下料前应先进行划线和号料,划线和号料是下料的依据。划线和号料的正确性是下料质量的保证,所以在钣金下料前应做好划线和号料工作。

划线和号料的依据是图样和样板(其中包括以图纸为依据的下料件的草图或计算尺寸、下料清单等)。划线和号料是钣金下料工作中极重要而又细致的工作,它直接反映了工件的平面图形和真实尺寸。划线常用符号见表 2-1。

表 2-1　划线常用符号

序号	名称与符号		说明
1	切断线		在断线上打上样冲或用斜线表示
2	加工线		在线上打上样冲眼,并用三角形符号或注上"刨边"二字
3	中心线		在线的两端打上样冲眼并作上标记
4	对称线		表示零件图形与此线完全对称
5	轧角线	正　轧角尺 反　轧角尺	表示将钢材弯成一定角度或角尺
6	轧圆线	正轧圆 反轧圆	表示将钢板弯成圆筒形(正或反轧)
7	割除线		中部割除 沿方孔外面割除 沿方孔内部割除

在工件下料时无论使用钢板或型钢都要按零件的加工要求和工艺手段留出加工余量。加工余量的留置是为了保证产品质量,防止由于下料失误未留加工余量或加工余量不符合要求造成零件加工废品,所以要求在钢材号料时根据加工的实际情况,适当留出加工余量,一般可按下列数据考虑。

1)自动氧气切割时的加工余量为 2～3 mm。

2)手动氧气切割时的加工余量为 3～4 mm。

3)氧气切割后还需切削加工的加工余量为 4～5 mm。

4)剪切后尚需切削加工的加工余量为 3～4 mm。

5)板材工件的厚度方向留量应按工艺规定留出加工量。

6)对于焊接结构件的样板,除放出加工余量外,还必须考虑焊接构件的收缩量。焊接收缩量较小,对接焊缝的收缩量为 1.5～3 mm,随对接板厚的增加而增大;角焊缝的收缩量为1.5 mm 以下,焊缝数量少时一般可以忽略不计,但焊缝数量过多时,因焊接收缩量累计,其数值应该考虑。

2.3　典型钣金设备

2.3.1　钣金下料设备

1. 火焰切割设备

（1）氧-乙炔割炬

氧-乙炔火焰切割的设备和工具常用的有乙炔发生器（或乙炔钢瓶）、氧气钢瓶、橡胶软管和割炬等。气割下料是利用氧气和乙炔（或丙烷、石油液化气等可燃气体）混合燃烧熔化被切割的钢材,并借助高压氧气进一步使熔化的钢材燃烧,吹走,完成钢材的切割分离。这个过程借助于割炬和一些辅助工具设备完成。铸铁、铜、铬、镍、锌等金属,其氧化物熔点均比本身金属高,所以这些金属不宜用气割方法进行切割;铜、铝等金属具有较高的导热性,其熔点远低于燃点,亦不宜用气割方法进行切割。

（2）等离子弧切割机

等离子弧切割机是利用气体介质通过电弧产生等离子体,等离子弧可以通过极大的电流,具有极高的温度,因其截面很小,能量高度集中,在喷嘴出口的温度可达 20 000℃,从而完成高速切割。等离子弧可以切割各种高熔点金属及用其他切割方式不能切割的金属,如不锈钢、耐热铁、铝、钨、铜、铸铁及其他合金等,还可以切割各种非金属材料。

2. 剪板机

板材剪切使用的切割机械有龙门剪板机、圆盘滚刀剪切机、振动剪床和数控冲剪机等。型材切割使用的切割机械有型材剪板机和棒材剪断机等,如图 2-4 所示。

图 2-4 剪板机

龙门剪板机是钣金下料,特别是钢板剪切下料常用的专用机械。龙门剪板机是闸式龙门型剪刀架,其动力传动方式有机械传动和液压传动两种。

龙门剪板机常用来剪切直线边缘的板料毛坯。对被剪板料,剪切工艺应能保证剪切表面的直线度和平行度要求,并尽量减少板材扭曲,以获得高质量的工件毛坯。龙门剪板机是上、下两个刀片斜口(刀片之间有 $1°\sim2.5°$ 剪切角)剪切。斜口剪切的过程是剪切开始时,上刀刃和板料仅有一部分接触,然后板料一边被剪裂,当继续下行时便逐渐分离成两部分。

剪切角对剪板条的变形影响很大,剪切角小时剪切质量较好,剪切角大时质量较差。剪切角小时剪切力大,现代剪切机的剪切角为 $1°\sim2.5°$。机械传动和液压机械传动的剪切机在大多数情况下剪切角是不可调的。液压传动的剪切机一般是可调的,在调节之前,需将刀架行程量调到最大位置,再按动剪切角增大或减小按钮,其数值在机械操作板上显示。

机械传动剪切机维护简便、行程次数高,成本较低。剪切机机架为钢板焊接整体结构,刀架沿圆弧摆动,因此刀片间隙通过刀架摆动支点的偏心轴得到调整,结构简单,调节方便。压料装置采用液压结构。

液压传动剪板机有较多的优点,如下所述:

1)工作安全,可以防止因超载而引起的机器事故。

2)操作方便,可以实现单次行程、连续行程、点动和中途停止并返程等动作,因此易于实现单机自动和用于流水线上工作。

3)机器的体积小、重量轻、制动容易。

4)机器振动小,工作平稳,刀具寿命长。随着液压元件质量的改善,今后液压传动剪板机将会更广泛使用。

3. 激光数控切割机

激光切割是利用经聚焦的高功率密度激光束照射工件表面,在极短的时间内将材料局部加热到几千至上万摄氏度,使被照射材料瞬间熔化、汽化,同时借助与光束同轴的高速气流吹除熔融物质,从而达到切割的目的,如图 2-5 所示。

图 2-5 激光数控切割机

激光数控切割机是钣金加工的一次工艺革命,是钣金加工中的"加工中央"。激光切割机柔性化程度高,切割速度快,出产效率高,产品出产周期短,国外超过 2 mm 厚度的板材大都采用激光切割机。一般来讲,12 mm 以内的碳钢板、10 mm 以内的不锈钢板等金属材料切割推荐使用激光数控切割机。

由于激光光斑小、能量密度高、切割速度快,因此激光切割能够获得较好的切割质量。激光切割相比于其他切割方式,具有以下优点:无刀具磨损,材料适应性好;激光切口细窄,切割尺寸精度达±0.05 m;切割面热影响区宽度小,切缝附近材料性能基本不受影响,且工件变形小,精度高,几何形状好,切口表面粗糙度好(一般 R_a 为 12.5~25 μm),切缝一般不需要再加工即可焊接;由于都是采用数控程序进行操作或做成切割机器人,激光切割机能轻易完成二维切割、三维切割等工作,如:焊接坡口加工、封头开孔等。因此,在航天动力技术研究院众多焊接类产品中,采用激光切割技术不仅能减少板料在划线、切割、剪板、刨边等工序之间周转,还能减少生产过程中对场地、人员、设备的需求。同时,还保证了板料尺寸精度,避免了人为原因导致的划线、切割、剪板、刨边尺寸误差。

2.3.2　刨边机

工件下料边缘的加工,例如焊接坡口和具有角度等要求的工件下料边缘的加工,除可以采用机械加工通用机床外,一般都采用专用工装设备进行加工。常用的板材下料边缘加工专用设备有铣边机和刨边机等,如图 2-6 所示。

图 2-6　刨边机

专用刨边机的结构是在床身的两端有两根立柱,在两立柱之间连接压料横梁,压料横梁上安置有压紧钢板用的压紧装置。床身的一侧安装齿条与导轨,其上安置进给箱,由电动机带动,沿齿条与导轨进行往复移动。进给箱上刀架可以同时固定两把刨刀,以同方向进行切削;或一把刨刀在前进时工作,另一把刨刀则在反向行程时工作。

刨边机可加工各种形式的直线坡口,并有较好的表面粗糙度,加工的尺寸准确,不会出现加工硬化和淬硬组织,特别适合低合金高强钢、高合金钢、复合钢板及不锈钢等加工。

刨边机的刨削长度一般为 3~15 m。当刨削长度较短时,可将多个工件同时刨边;刨削坡口形式有 Y,U,V,X 形。

如果工件相对固定,安装铣刀的动力在导轨上进行直线往复移动就形成了铣边机。铣边机设备结构较刨边机结构简单,操作方便,一些企业在工件边缘加工中已普遍采用铣边机进行加工。

2.3.3 液压冲压机

钣金冲压成形是利用弯曲模、拉深模和局部成形模,通过冲头在压力机下成形零件加工过程。现在主要采用四柱液压冲压机利用拉深模冲制固体火箭发动机金属壳体用椭圆封头、球形封头,封头规格由 $\phi200\sim\phi1\,400$,如图 2-7 所示。目前,战略武器型号固体发动机金属壳体所用的大型封头主要采用旋压成形技术,以实现变壁厚封头的设计要求。

图 2-7 四柱液压冲压机

1. 四柱液压冲压机的主要组成

机身采用三梁四柱式结构,主要由上横梁、滑块、工作台、四只立柱、主缸、液压垫装置、电气系统及液压系统等组成。大梁均采用优质碳素钢板焊接而成,并采用高温退火处理消除焊接应力,立柱为 45# 锻件,四柱表面经中频淬火处理。

主拉伸缸一般由一只主柱塞缸实现,活塞杆通过连接法兰与拉伸滑块相连接。缸体材料为优质 45# 锻钢;活塞杆表面中频淬火处理,油缸采用密封圈保证密封。机器压边力由四只油缸实现,活塞杆通过连接法兰与拉伸滑块相连接。缸体材料为优质 45# 锻钢;活塞杆表面中频淬火处理,油缸密封同样采用密封圈。

液压冲压机一般带有移动工作台,移动工作台的下方设有辊轮,由变频调速电动加减速机通过链轮链条驱动,实现工作台的移进和移出。移动工作台面加工有 T 形槽,与滑块工作面上的 T 形槽一一对应,可以方便各种拉深模具的装配。

2. 液压冲压机成形原理及方法

拉深是利用具有一定圆角半径的模具将冲裁得到的平板坯料加工变形成为开口空心零件的冲压工艺方法,如图 2-8 所示。

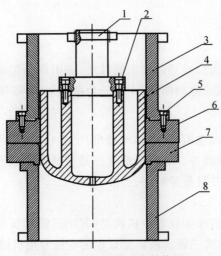

图 2-8　拉深模基本结构图

1—连接块；2—内六方螺钉；3—上垫圈；4—凸模；5—内六方螺钉；6—压边圈；7—凹模镶块；8—下垫圈

在拉深凸、凹模的作用下，随着凸模下压，迫使平板坯料被拉入凹模，并随凸模型面发生塑性变形，使坯料形成了紧贴凸模的型面。图 2-9 所示为固体火箭发动机金属壳体用封头。

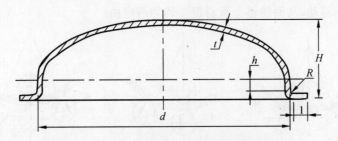

图 2-9　固体火箭发动机金属壳体用封头

3. 椭圆封头的展料计算

不变薄旋转体零件拉深所用的坯料，一般采用圆形坯料，其直径大小按面积相等的原则计算，因拉深前后零件的平均厚度与坯料的厚度相差不大，故厚度变化可以忽略不计。

另外，由于材料的各向异性及拉深时金属材料流动的条件差异，拉深后零件口部不平整，为保证零件尺寸，坯料计算时应考虑预留切边余量。根据推算，薄壁椭圆封头（EHA 型）的展料公式为

$$D = 1.21(d - t) + 2(h + l) + \pi\left(R + \frac{t}{2}\right)$$

式中　D——椭圆封头展料直径；

　　　t——椭圆封头壁厚；

　　　d——椭圆封头外径；

　　　h——封头直线段高度；

　　　l——封头翻边直线段长度；

　　　R——封头外型面翻边处圆角。

2.3.4 卷板机

钣金弯曲成形是利用金属材料塑性变形的性能,按图样的要求利用人工或机械对金属的毛坯施加外力,将毛坯弯曲成一定的曲率、一定的角度和形状,形成所需工件的加工过程。

1. 板材的弯曲成形

板材的弯曲成形一般是在卷板机(也称滚圆机)上进行,也称卷板。卷板的工件主要有圆柱面、圆锥面和不同曲率的柱面等。卷板弯曲成形是板材弯曲成形的主要手段,其优点:成形连续,操作简便、快速、均匀,并且质量较好。

(1)卷板机的工作原理

卷板机可分为三辊卷板机和四辊卷板机两类,其中三辊卷板机又分为对称式与不对称式两种,如图 2-10 所示。对称式三辊卷板机是常用的卷板专用机械。

在两个下辊筒的中间对称位置上有上辊筒 1,上辊能在垂直方向调节,使置于上下辊筒间的板料 4 得到不同的弯曲半径。下辊筒 2 是主动辊,安装在固定的轴承内,由电动机通过齿轮减速器使其同方向同转速转动,上辊是被动的,安装在可作上下移动的轴承内。

工作时板料置于上下辊间,压下上辊,使板料在支撑点间发生弯曲,当两下辊转动时,由于摩擦力作用使板料移动,从而使整个板料发生均匀的弯曲。

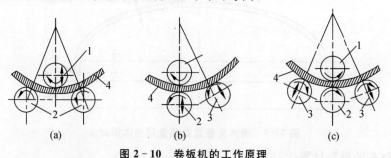

图 2-10 卷板机的工作原理
(a)对称式三辊卷板机;(b)不对称式三辊卷板机;(c)四辊卷板机
1—上辊;2,3—下辊;4—板材

根据上述弯曲原理可知,只有板料与上辊筒接触到的部分,才会达到所需要的弯曲半径,因此板料的两端边缘各有一段长度没有接触上辊,不发生弯曲,称为剩余直边,其长度约为两下辊距离的一半。

(2)卷板工艺过程

卷板工艺过程是由预弯、对中、卷制和矫组四个过程组成的。本节重点阐述一下预弯。预弯,是指板料在卷板机上弯曲时,两端边缘总有剩余直边,由于剩余直边在矫圆时难以完全消除,并造成较大的焊缝应力和设备负荷,容易产生质量和设备事故,所以一般应对板料进行预弯,使剩余直边弯曲到所需的曲率半径后再卷弯。

四辊卷板机和不对称三辊卷板机卷板时可以不利用模具直接在卷板机上完成预弯;而对称式三辊卷板机预弯时则需要制作相应的弯曲模板,其厚度应大于卷制预弯板材板厚的两倍,宽度也应比板略宽一些,将弯模放入上下辊筒之中,板料置于弯模上,完成预弯。另外,对于薄板的预弯,也可以在弯模上加一块楔形垫板的方法进行预弯。

2. 卷弯应注意事项

1）滚制工件前，应将辊轴和板料表面清理干净，还要将板料上气割留下的残渣及焊瘤铲去、磨平，以免碰伤工件和轴辊；

2）滚弯过程中，为避免反复滚压引起材料的冷作硬化，应尽量在很少的次数内，将工件滚至要求的曲率；

3）在检查半圆筒的两直边是否平整时，可将半圆筒扣在平台上，目测其两边是否与平台贴合，即可检查出两直边是否在一个平面上。

2.4　典型钣金件的成形

2.4.1　圆筒的成形

固体火箭发动机金属壳体所用筒体一般分为卷板焊接成形壳体、机加工成形壳体及压力成形壳体三种。卷板焊接成形壳体适用于 $\phi320\sim\phi1\,400$ 直径、中等工作压力（10 MPa）战术导弹用发动机，卷板焊接成形壳体具有材料利用率高的优点。

由于卷焊成形壳体在发动机工作时，筒体纵缝承受的压力几乎是环缝所受压力的 2 倍，同时筒体成形质量直接决定着金属壳体的成形质量，因此卷焊圆筒的成形质量直接影响到固体发动机金属壳体的使用性能（力学性能和几何精度），对于卷板焊接成形壳体而言，圆筒卷制成形质量控制意义重大。

1. 圆筒成形工艺流程

目前常规的固体发动机卷板焊接成形壳体的圆筒成形工艺流程如下：

领料→除油→划线→下料→刨坡口→卷筒→吹砂→砂光→清理→装配→定位焊→焊接→退火→打磨→校形→X 光→机加工。

其中主要工序为划线下料、刨坡口、卷制、装配、焊接、校形等工序内容。以下对圆筒主要成形工艺控制要点进行阐述。

（1）划线下料

按图 2-11 在钢板上划圆筒的展开长度尺寸线 L、宽度尺寸线 B，即圆筒卷制后的长度尺寸，要求对角线 $|D_1-D_2|\leqslant1$，以保证圆筒卷焊后成形精度。要求 L 尺寸方向为钢板轧制方向。

采用剪板机，按图 2-11 所示划线剪板下料，剪板下料尺寸为 $(B+10)\times(L+10)$，并进行材料标识与标识移植。

（2）坡口加工

圆筒纵缝的坡口加工目前是利用刨边机进行刨削加工的方式进行。按图 2-12、表 2-2 将 $L+10$ 尺寸两端刨至 L，$B+10$ 尺寸一端刨至 B，并刨相应坡口。

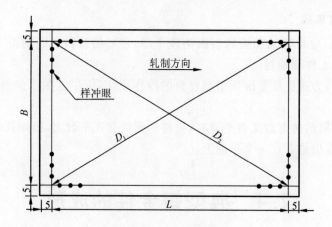

图 2-11　板材划线图

B—划线宽度尺寸（为圆筒的长度尺寸）；L—划线长度尺寸（为圆筒中径的周长尺寸）；D_1，D_2—对角线长度尺寸

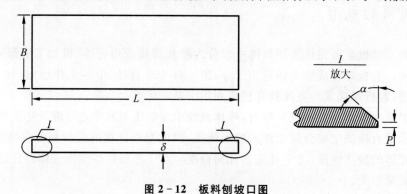

图 2-12　板料刨坡口图

表 2-2　不同板厚坡口刨削参数表

序号	δ（钢板厚度）	α（坡口角度）	P（坡口钝边）
1	≤1.5 mm	不开坡口	不开坡口
2	≤6 mm	35°±1°	1 mm±0.2 mm
3	6 mm<δ<10 mm	40°±1°	1 mm±0.2 mm
4	≥10 mm	40°±1°	1.5 mm±0.2 mm

（3）卷制成形

目前行业内进行圆筒卷制的设备多为三辊数控卷板机，可以完成板材的自动上料、端部预弯和卷圆、校圆工序，也可进行数控编程操作。

以西安航天动力机械厂目前的三辊数控卷板机为例，利用卷板机设备附带的卷制参数编程软件，通过输入圆筒板厚、板宽、直径和端曲系数等基本参数，自动计算出圆筒卷制过程中所需要的卷制参数（包括压力、设备辊子的位移行程等）。按以下步骤进行卷制成形：

1）据卷制参数中托辊移动量，调整托辊位置，使钢板能够顺利进入托辊。

2）将钢板水平地送入上、下辊之间，按相关要求控制坡口角度的方向（见图 2-13）。

3）使上辊水平移动，上辊垂直下降到刚与钢板接触（Y_1），驱动下辊使钢板一端刚好露出下辊中心线外一段距离 80～100 mm（见图 2-14）。

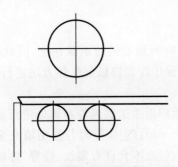

图 2-13　钢板送入卷板机示意图

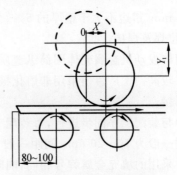

图 2-14　卷制过程示意一

4）上辊下降，同时下辊开始驱动，一边卷制一边下降，上辊下降至 Y_2 后停止，这时的曲率半径为 R（R 为所要卷制圆筒的内半径值），卷制过程中注意用内型面检测样板边检测边下降，接近 Y_2 时以点动方式进行，防止过卷（见图 2-15）。

5）上辊向下下降到 Y_3 进行弯制钢板的剩余直边（见图 2-16）。

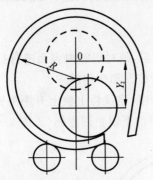

图 2-15　卷制过程示意二

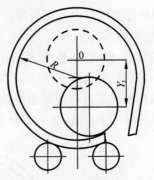

图 2-16　卷制过程示意三

6）将上辊上升距离钢板 $10\sim20$ mm，然后使上辊向另一侧水平移动 X，再下降到 Y_2 的位置（见图 2-17）。

7）主电机逆转，钢板的另一剩余直边转到上辊下边，上辊下压到 Y_3，弯曲剩余直边（见图2-18）。

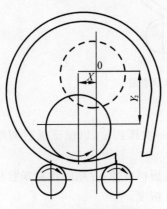

图 2-17　卷制过程示意四

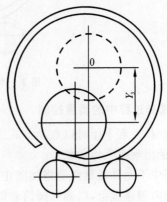

图 2-18　卷制过程示意五

（4）装配

将卷制好的筒体放置在专用纵缝装配工装即弧形托架上面，进行纵缝的装配，一般要求装配间隙为 0 mm,错边不大于壁厚的 5%。

（5）定位焊及焊接

由于固体发动机金属壳体圆筒纵缝质量直接影响到发动机的承载性能,因此对于圆筒纵缝质量要求较高。工厂目前采用非熔化极惰性气体保护焊即钨极氩弧焊方法进行圆筒纵缝的定位焊与焊接。

定位焊与装配工序同步进行,每装配一处合格后即用手工氩弧焊对该处进行定位焊,定位焊点的长度一般为 10～20 mm,间距一般为 50～100 mm。定位焊时若使用填充金属,其牌号应与焊接时采用的填充金属牌号相同,同时要求定位焊点不允许有裂纹、烧穿、焊瘤等缺陷,若有,必须排除缺陷,并重新进行定位焊。

焊接时采用自动氩弧焊焊接,将圆筒装夹至专用纵缝焊接设备,设备一般具有琴键式夹紧装置,具备背气保护功能,能防止纵缝焊接过程中的变形,提高焊接质量与效率。

由于固体发动机金属壳体圆筒材料为中碳调质高强钢,材料含碳量较高,淬硬倾向较大,焊接时易产生冷裂纹。为了降低冷裂倾向,纵缝焊前焊后要及时进行预热、后热处理,同时要求在焊后 8 h 内进行消除应力退火处理。

（6）校形

板材卷制成形后,经清理、装配、焊接、退火工序后,须对焊缝内表面进行打磨处理,要求焊缝内表面不低于基材且不高于 0.2 mm,以满足后续校形和探伤需求。

采用三辊数控卷板机进行圆筒卷焊后的校形工序,建议将上辊上升距离钢板 5～20 mm,水平移至两托辊之间的中心线,然后下降至 Y_4,再驱动下辊整圆卷制(见图 2-19)。

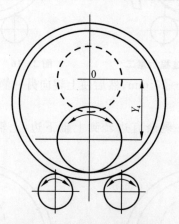

图 2-19　圆筒校形示意图

2. 圆筒成形过程中的质量控制

弯曲直边时,上辊下压时以点动方式进行,不可一次压到位,以保证板材两端头内型面 R 均匀一致,避免出现喇叭口现象。

卷筒过程中不允许板材两端搭接防止圆筒过弯、板料减薄;并随时注意观察板料在卷弯过程中是否有轴向偏移现象,以确保圆筒卷筒后的形状精度。

卷板机每次行程停止时,板料端部应留有一定长度,防止板料由于辊轴的惯性转动而脱辊。

圆筒纵缝焊接后要按照相关焊接标准进行表观质量的目视检查,圆筒纵缝的内部质量检查在圆筒校形合格后采取无损检测即 X 射线透照的方式进行。

　　圆筒卷焊成形过程工序繁多,工艺过程中应注意表观防护和检查,防止圆筒表面划碰伤后影响壳体承压性能。

　　圆筒成形后,应按设计图纸要求检验圆筒成形后的几何尺寸(直径、长度)、形位公差(圆度、直线度及棱角度),满足要求后方可走后续组焊工序。

2.4.2　锥筒的成形

　　固体火箭发动机柔性喷管中的重要部件扩张段壳体一般由两端喉衬壳体、尾环壳体及中间 1～2 节锥段壳体组焊后整体精加工成形。其中锥段壳体一般为厚板卷制成形的正圆锥筒。

1. 正锥圆筒的放样下料

　　图 2-20 所示为常用喷管扩张段锥筒的结构示图,主要涉及的参数有圆锥直径 D、圆锥角 α、锥筒高度 h、锥筒壁厚 t 等,图中 d_1 为锥筒小端中径,d_2 为锥筒大端中径。圆锥筒体件是典型的利用放射法展开的形体,以下介绍采用中径法进行正圆锥筒的 CAD 放样方法。

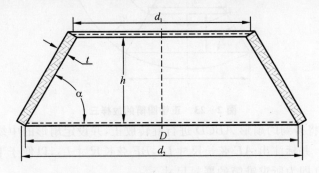

图 2-20　喷管扩张段锥筒结构示图

　　通过 CAD 作图,将锥筒小端中径 d_1,大端中径 d_2 所形成的圆锥两侧母线向锥筒中线延伸,交于 O 点,并设锥筒一侧上端点 A,下端点 B,如图 2-21 所示。

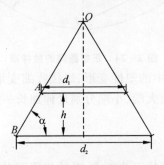

图 2-21　正锥圆筒的放样一

　　以 O 为圆心,OA 为半径画圆,得出半径 R_1 的整圆;以 O 为圆心,OB 为半径画圆,得出半径 R_2 的整圆。并分别以 A、B 点为端点,将圆打断,如图 2-22 所示。

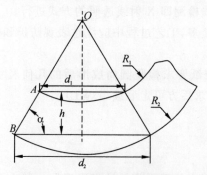

图 2-22　正锥圆筒的放样二

选取延伸工具，以圆弧长 $AD = \pi d_1$ 的长度延伸半径 R_1 的圆弧至 D 点；以圆弧长 $BC = \pi d_2$ 的长度延伸半径 R_2 的圆弧至 C 点，如图 2-23 所示。

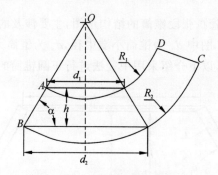

图 2-23　正锥圆筒的放样三

利用旋转工具，将得到的扇形 $ABCD$ 进行旋转放正，并设定扇形的中线与扇形上、下圆弧的交点分别为 E,F。并标注出 AE 弦长尺寸 L_1，BF 弦长尺寸 L_2，以便于下料划线。如图 2-24 所示，扇形 $ABCD$ 即为所求锥筒的展料尺寸。

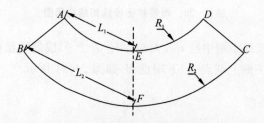

图 2-24　正锥圆筒的放样四

为了保证锥筒展料卷制过程中的塑性变形、焊接收缩变形以及锥筒圆度等对最终成形质量的影响，锥筒放样一般需将锥筒大端、小端分别延伸加长一定余量，再按中径进行放样，待锥筒卷制成形后去除多余部分。

2. 正锥圆筒的卷制成形

正锥圆筒放样下料后，按照焊接工艺要求，对放样得到的扇形件两条直边进行相应刨边、刨坡口，焊接坡口可参照表 2-2 不同板厚坡口刨削参数表，以便于焊接工序的进行。

由于圆锥件的表面素线是互不平行的直线，而且素线上各点的曲率都不相等，所以在弯制前，应调节上辊轴和下辊轴，使它们之间保持一定的倾角；在滚弯过程中，使上辊轴在每一瞬间均紧压在锥面素线上，并沿素线各点形成不同的曲率半径。

卷弯前应先调整辊轴的位置，使两根下辊轴保持平行，上辊轴与下辊轴应成一定角度的倾斜，即可卷弯出等曲度的锥形工件。

锥筒卷制一般采用分段滚制法，如图 2－25 所示，在板料上画出若干条锥面素线，将板料划分为若干小段，按分段顺序滚压，原则为先滚制两端后滚制中间。

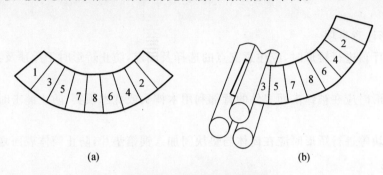

图 2－25　锥筒的分段卷制

(a)分段排序；(b)板料旋转与滚制

滚弯时，扇形板料一边被送进，一边被旋转滚弯，且始终保持上辊轴紧压板料并与锥面素线重合。同时采用卡型样板，随时检查锥面工件的大小口曲率，当两口的曲率半径均符合要求时，锥面工件才被滚弯成形。

3. 装配及焊接

锥筒的卷制过程中两直边的对接合口是关键点，需要在卷制过程中特别注意锥面大小口曲率的同步，及时做好调整。

锥筒的装配焊接同第一节中圆筒的装配焊接，纵缝质量要求同样较高。工厂目前采用惰性气体保护焊即钨极氩弧焊方法进行锥筒纵缝的定位焊与焊接。

2.4.3　筒形件的矫形

固体火箭发动机金属壳体对筒体的直线度、圆度要求较高，但有时受焊接应力变形、热处理变形、或零部件自身存在的变形等因素影响，需要进行相应的矫形。矫形就是通过外力或加热作用，使材料变形部分较短的纤维伸长或使较长的纤维缩短，最后使各层纤维的长度相等。根据材料矫形时的温度可分为为冷矫形和热矫形。

1. 冷矫形

冷矫形是工件在常温下进行的矫正，是通过锤击、延展等手段进行的。这种矫正将会引起钢件表面产生冷作硬化，即强度、硬度增加，塑性、韧性降低，适用于塑性较好的低碳钢钢材或铝材等。

由于火箭发动机金属壳体采用高强钢、超高强度钢，冷矫形一般只适用于变形量较小、变形区域小的板材，采用的方法有局部锤击矫形、工装强力冷矫形、千斤顶反变形矫形，常见的变形有局部凹坑、局部鼓包、局部圆度差等。

（1）冷矫形的方法

筒形件的矫形一般应根据圆筒的型面制作相应的弧形板，使用时弧形板作为垫板放置于圆筒待矫形型面处,防止矫形过程中划伤、碰伤筒体基材。采用千斤顶矫形时还需制作相应的撑杆、撑块。对于圆筒局部鼓包、局部圆度差的情况,除了采用锤击法进行矫形以外,还可以在卷板机上进行校圆,校圆时在变形位置添加适当垫块,利用卷板机上、下辊之间的作用力使鼓包处发生塑性变形,达到矫形的目的。同样,圆度较差的筒体也可以采用卷板机加工垫片的方法进行矫形。

(2)冷矫形注意事项

1)采用千斤顶进行矫形时,应注意支点的选择及固定,防止矫形时千斤顶及工装发生滑脱弹出;

2)锤击矫形时应在被锤击面工件的背部利用木榔头或枕木顶实,防止锤击时产生反弹,发生危险;

3)添加垫块等进行矫形时应在筒体与垫块间加入铜箔垫片,防止筒体表面划伤。

2. 热矫形

热矫形是将金属工件加热至 600～800℃高温进行矫形,分为局部氧-乙炔烤炬加热矫形和工件整体入炉热矫形两类。热矫形适用于变形较大、塑性较差的碳钢及合金钢等。

(1)热矫形的方法

局部氧-乙炔烤炬加热矫形是采用氧-乙炔火焰对变形部位进行加热,降低变形部位的刚度,使手工矫形时变形部位能较容易地发生形变。筒形件热矫形一般用于较大面积或具有一定深度的"鼓包",将鼓包利用氧-乙炔焰进行加热至 500～600℃后,背部采用铜棒垫实,正面利用铜锤锤击,达到矫形的目的。

整体入炉热矫形通常需借助专用矫形工装,利用矫形工装使工件变形部位复原,入炉后通过长时间的加热(600～800℃),使变形部位的金属材料由弹性变形转变为塑性变形,实现矫形。固体火箭发动机金属壳体有时受卷焊圆筒、壳体圆周电缆座焊接等因素影响,无法保证壳体的直线度及圆度,通常需要专用矫形工装整体入炉热矫形。图 2-26 为常用筒形件直线度、圆度的外顶具矫形工装,其原理是通过外顶具上环向螺钉伸缩调节筒体圆度、直线度。

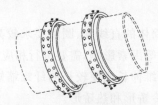

图 2-26 外顶具矫形工装

(2)热矫形注意事项

1)筒体局部鼓包热矫形时应注意局部加热温度不能过高(超过 850℃),防止工件金属组织过热影响材料性能;

2)锤击热矫形时应在被锤击面工件的背部利用木榔头或枕木顶实,用力要适度、均匀,防止锤击时使金属组织在热状态下撕裂;

3)整体入炉热矫形工装材料应选用耐热钢,防止加热过程中工装变形,或影响矫形效果;

4)采用类似外顶具工装进行矫形时,筒体表面需有一定厚度的弧形垫板,防止高温下筒体表面产生螺钉凹坑。

2.5　本章小结

钣金在实际工程中用途非常广泛,无论是家用电器、汽车工艺、飞机壳体,还是计算机等电子产品行业,都大量使用钣金零件。在运载火箭等飞行器产品的研制生产过程中,由于产品结构与功能特点,具有大量钣金件,因此,钣金成形技术也在产品结构制造中占有重要的地位。钣金成形技术的高低,决定着产品的质量精度。

思 考 题

1. 简述钣金过程中常用的工具有哪些。
2. 简述一下卷制一个直径 1 000 mm,长 500 mm,壁厚 4 mm 的圆筒所需的操作流程。

第3章 旋压工艺技术

3.1 旋压技术概述

3.1.1 旋压简介

旋压是一种综合了弯曲、挤压、拉伸、横轧及滚压等多种工艺特征的无切削加工的精净成形加工艺,其原理是借助旋轮、擀棒或者压头等工具,对随同旋压模具转动的金属板坯或预成形坯料做轴向进给运动并施加持续压力,使其产生连续的局部塑性变形,并最终成形为薄壁空心回转体零件的工艺过程。

由于外力在坯料上作用面很小,且应力较为集中,属于点变形,单位压力较大,但总体成形力较低,所以可以用较小吨位的旋压机床加工较大尺寸的零件,尤其是无缝空心锥体、筒形件、半球体等零件且性能精度极好。

金属旋压工艺具有以下显著特点。

1)成形设备简单、坯料范围广;

2)旋压时金属的变形条件好,能够加工塑性比较差的金属材料;

3)旋压零件几何精度高;

4)材料的利用率高;

5)旋压制品性能高;

6)生产效率高及产品范围广、批量生产时成本较为低廉。

这些特点使得旋压技术在金属材料机械加工领域有着很好的应用和发展前景,已经广泛应用于航天航空、兵器、船舶、核电、化工、冶金、车辆、家电等金属精密加工技术领域。

3.1.2 旋压分类

1)按照旋压过程中金属材料的变形特征分类,旋压工艺根据加工时坯料厚度是否发生变化可以分为普通旋压和强力旋压(变薄旋压)。

普通旋压是指在旋压过程中坯料的厚度基本保持不变或有少许变化,而外径或者形状发生明显变化的成形过程(见图3-1),主要有拉深旋压、缩口旋压和扩径旋压以及局部成形、制梗、分离、焊接封口等方式。每一种成形方式根据成形工艺的不同还可以继续往下细分,如缩径旋压可以分为拉深旋压与局部成形。其中拉深旋压又可以分为简单拉深旋压与多道次拉深旋压。局部成形又可以分为缩径、缩口、压槽、滚丝、校型等。

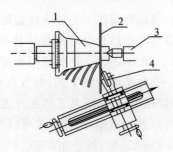

图 3 - 1　普通旋压示意图
1—芯模；2—毛坯；3—尾顶；4—旋轮

　　强力旋压也称为变薄旋压，它是毛坯发生了强烈的塑性变形，毛坯壁厚明显减薄的一种旋压方式。强力旋压按其变形性质与工件形状可以分为锥形件剪切旋压(见图 3 - 2)与筒形件流动旋压。

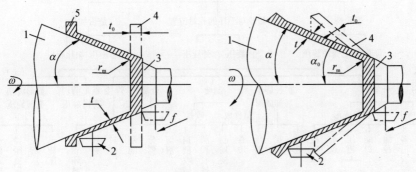

图 3 - 2　剪切旋压示意图
1—芯模；2—旋轮；3—尾顶；4—坯料；5—旋压件

　　按金属流动方向与旋轮进给方向的不同，筒形件流动旋压可分为正旋压与反旋压，如图 3 - 3 所示。正旋压时材料的流动方向与旋轮的运动方向相同；反旋压时材料的流动方向与旋轮的运动方向相反。

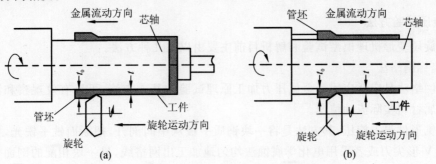

图 3 - 3　筒形件强力旋压按金属流动方向分类
(a)正旋压；(b)反旋压

　　2)按照旋轮与毛坯的相对位置分类，可分为内旋压与外旋压。

　　旋轮从工件的外部进行旋压加工，使之变形，故称之为外旋压法。在一些特殊情况下，如扩径旋压、胀形旋压、压筋旋压等，需要将芯模与旋轮的相对位置加以替换，称之为内旋压法。内旋压成形比外旋压成形复杂且可视性较差，不易操作，限于模套单端连接定位，偏摆较大，旋轮臂较长，退让量较大，所以内旋压法主要用于较大直径工件的成形。

3)根据旋压过程中是否加热,可以将旋压工艺分为热旋压与冷旋压(室温旋压)。

冷旋压又称为室温旋压,低强度高塑性合金应采用冷旋压成形。铝及其合金、黄铜、合金钢等金属均能够进行冷旋压成形。加热旋压一般主要用于旋压一些常温塑性较差的难熔金属,如钛合金、钼合金、钨合金等。有些特种旋压工艺,如气瓶收口、封底等也必须在加热的情况下旋压加工。热旋压工艺与冷旋压工艺相比,其工件的外表面质量不及冷旋压,由于受到热胀冷缩的影响,工件尺寸精度不易控制。但是,两种工艺可以互补,例如在高纯铝旋压加工时,开坯采用加热变薄旋压,温度为 $300\sim350℃$,铸态组织经 50% 变形后,完全变为热加工组织,再经室温变薄旋压成形,组织经变形强化,产品使用性能良好。

传统旋压技术分类归纳如表 3－1 所示。

表 3－1　传统旋压技术分类

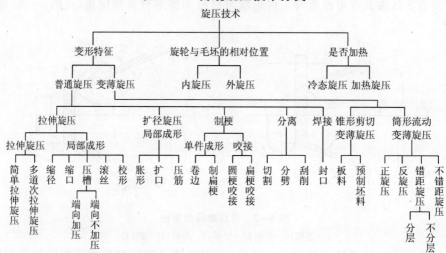

3.1.3　旋压成形理论分析与试验研究

1. 旋压试验方法

强力旋压变形机理模型试验和解析目前主要由以下几种方法。

(1)坐标网络法

坐标网络法是广泛应用于金属压力加工原理试验的基本方法,可以有效观察和测定变形过程中金属材料实际流动情况。

对于锥形件强力旋压,其方法是将一块铜质平板从中间剖开,把断面铣平铣光,并在一件剖面上用 V 形尖刀或者采用电化学腐蚀法均匀地加工出网格线,另一块相配的剖面仍为铣光后的状态。然后把一条宽度和毛坯厚度相同的铅焊料置于这两断面之间,并牢固地夹在一起,放在炉子里加热到 704℃,使焊料完全熔化并充满 V 形槽中,冷却后进行旋压成形。旋压后再将焊料融化掉,并对断面进行清理和抛光,便可观察到坐标网格的变化。

(2)填孔法

试验前,在圆板毛坯的沿直径方向钻有一排直径为 0.7 mm 的小孔,把材料与本体相同的许多小圆柱填入小孔内,要求小圆柱与小孔紧配合。然后将板料进行旋压成形,旋压后将试件沿着小孔排列方向剖开,去掉填充物,就可观察到小孔旋压后的分别情况,亦即金属流动的大致情况。

2. 金属材料的可旋性

金属材料可旋性是指强力旋压成形中金属材料经受旋压变形而不产生破裂的最大能力。

对于剪切旋压成形时金属材料的可旋性,利用一种椭球形芯模来研究剪切旋压成形时的金属可旋性,如图 3-4 所示。该试验芯模为径向截面为圆形,最大直径为 200 mm,其轴向截面为椭圆形。当旋轮与芯模间隙按照正弦律径向调节时,所得的试样壁厚自顶端向尾端由最大厚度(即材料的原始厚度 t_0)逐渐地减薄到零,其半锥角则有大(90°)逐渐变小(0°)。在这个过程中,所有金属材料都得在某个区域发生破裂。

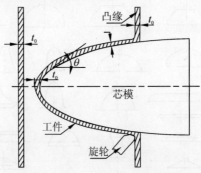

图 3-4 剪切旋压的可旋性试验装置简图

旋压时,工件工艺性能的指标之一是以工件壁厚减薄率来表征。由此可知,材料的可旋性定义为材料在破裂前所能承受的极限减薄率,亦即

$$\Psi_{max} = \frac{t_0 - t_{min}}{t_0} \times 100\%$$

同时,根据材料的拉伸断裂时的关系,材料的极限减薄率与相应材料的单向拉伸断面收缩率之间存在如下近似的关系,即

$$\Psi_{max} = \frac{\psi'}{0.17 + \psi'} \times 100\%$$

表 3-2 列出了部分常用材料的旋压极限减薄率。

表 3-2 常用材料旋压极限减薄率 (%)

材料牌号	圆锥形件	筒形件
1100-O	85	85
6061-T4	75	75
7075	65	70
31Si2MnCrMoVE-O	70	75
28Cr3SiNiMoWVA-O	70	75
30CrMnSiA-O	75	75
T250	75	80
D6AC-O	70	75
18%Ni	65	75
304L 不锈钢	65	65
321 不锈钢	75	75
17-7PH 不锈钢	65	65
工业纯钛(热旋压)	40	65
TC4(热旋压)	30	30
黄铜	80	80
白铜	80	80

3.1.4 旋压技术应用前景

随着强力旋压工艺的发展,可用它制造的零件也越来越多,如图 3-5 所示。旋压外形的结构单元有:①壁厚沿母线均匀变化或保持不变;②母线为直线或曲线;③尾端带凸缘或不带凸缘;④内表面带凸筋或不带凸筋;⑤头部为平面或尖锥等。

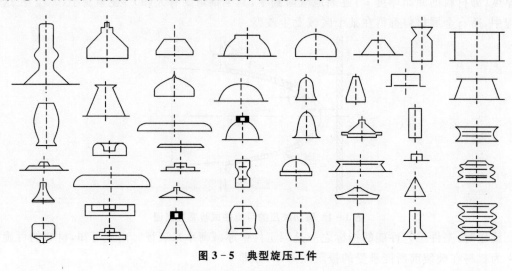

图 3-5 典型旋压工件

3.2 旋压设备

3.2.1 旋压机分类

目前,世界上已制造出 300 多种规格的旋压机,其中许多设备按照功能分类已经实现了系列化,根据旋压机的功能和机构进行了如表 3-3 所示的分类。按照不同分类依据,也可进行如表 3-4 所示的分类。

表 3-3 旋压机分类

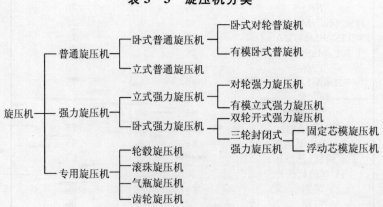

表 3 - 4　旋压机分类

分 类 依 据	旋 压 机 形 式
成形特性（常用）	1. 普通旋压机（成形、扩径、缩颈、卷边、翻边、接缝） 2. 强力旋压机（剪切旋压、挤薄旋压）（常用） 3. 与其他加工艺结合的联合旋压机
旋压件（或主轴）轴线位置	1. 立式旋压机；卧式旋压机
工作时旋轮个数	1. 单轮旋压机 2. 双轮旋压机 3. 三轮旋压机 4. 多轮旋压机（滚珠、钢球旋压属于此种） 5. 无轮旋压机
重量、外形尺寸、旋压力大小	1. 轻型旋压机 2. 中型旋压机 3. 重型旋压机
主轴根数	1. 单主轴式旋压机 2. 多主轴式旋压机
旋轮传动方式	1. 自转式（空转）旋压机 2. 传动式旋压机 3. 行星运动式旋压机
机械化自动化程度	1. 手动式旋压机 2. 机械传动式旋压机 3. 液压半自动式旋压机 4. 数字控制的（NC）旋压机 5. 计算机数控的（CNC）旋压机 6. 录返控制系统的（PNC）旋压机
产品类型（常用）	1. 管材、筒形件旋压机 2. 锥形件旋压机 3. 异型件旋压机 4. 复合旋压机 5. 通用旋压机 6. 封头旋压机 7. 专用旋压机
外型结构特点	1. 机床型旋压机　　　　2. 轧机型旋压机 3. 压力机型旋压机　　　4. 特殊型旋压机

3.2.2　旋压机的特点和结构形成

1. 旋压机的一般特点

一般来说，轻型旋压机（包括普通旋压机和强力旋压机）都具有与车床类似的结构特征，但为了满足旋压工艺的要求尤其是大型强力旋压机，通常具有以下一些鲜明的特点：

1）旋压机的床身、主轴及传动系统、旋轮架、尾座等部分具有很强的刚度，坚固的床身、粗壮的导轨，以及局部加强的承力框架和箱体等。

2)旋轮架的横向、纵向进给机构多采用液压传动或滚珠丝杠与液压联合驱动,使其产生足够的旋压力,并能进行平稳的无级调速,满足工艺要求;旋轮最好具有自动预旋转功能,一方面保护旋轮攻角,另一方面在控制起旋端材料的变形。

3)普通旋压机较多用一个旋轮,但辅助成形轮(如翻边轮、卷边轮等)则为多个。强力旋压机的旋轮或旋轮架数目采用 2～3 个(通用型的为 2 个,筒形件旋压机多为 2～3 个),并相对主轴轴线呈对称或均布配置,以平衡旋压时的径向力,减小主轴、芯模的弯曲挠度、偏摆和振动,为提高旋压件的精度和保证设备可靠使用提供先决条件。同时对于旋压机的旋轮机构要求具有较高的横向和纵向进给精度。

4)旋压机主轴具有足够的传动扭矩和功率。根据具体工艺要求,满足恒扭矩或恒功率调节。此外,目前的旋压机主轴转速和旋轮纵向进给速度多为无级调速,一方面可满足旋压工艺用量的任意选用要求;另一方面可按具体工艺要求实现旋压过程中芯模转速的变化。

5)主轴采用多种类型重型滚动轴承的组合,具有很好的定心作用的同时,可以承受在旋压时由于旋轮和尾座油缸产生的巨大工作力,主轴及其轴承必须进行充分的冷却与润滑。在加热旋压时,具有对主轴、旋轮头和尾顶套等直接受温的零部件进行强迫冷却和隔热设施。

6)尾座油缸应使顶紧块产生足够的预紧力,以保证工作中夹紧毛坯,同时也有助于提高主轴等转动部分的刚度。

7)采用半自动或全自动工作循环。半自动旋压机,除了工件的装、卸外,全部运动均由终点开关与挡块控制,自动完成整个工作循环。全自动旋压机,则包括工件装、卸料在内实现工作循环周而复始,有节奏地连续进行。

8)对于重型旋压机的各部件相对位置可实现自动调节,并采用液压锁紧机构,提高机械化、自动化程度。

9)对普通旋压和异型件的强力旋压,都要求旋轮具备角度调整功能——攻角调节,以利于金属走向或单位时间流量不变并防止出现干涉,稳定旋压过程和提高工件质量,并能使旋压机结构更为紧凑。

10)在旋压设备上,除了主要工艺装备外,通常还备有各种辅助工艺装备,如毛坯装夹的对中装置、成品的卸料装置、芯模和毛坯加热装置(加热旋压时用)、旋轮与芯模的间隙调整和测量显示装置、零件尺寸和质量的检测装置以及零件的平整、边缘剪切、翻边、卷边装置等。对于大型现代化旋压机,还要设置闭式回路影像监控、装置等。

2. 旋压机的结构形式

旋压机的结构形式和类型是由其适用性(即专用性还是通用性)、所加工零件的形状尺寸、生产率等方面的因素确定的。

旋压机形式按以下几种情况区分:

按其主轴所处空间位置,可分为卧式和立式两种。一般地说,重型旋压机以立式为主,中型的以卧式为主,而轻型者则两者皆有。

(1)立式结构旋压机优缺点

优点:

1)设备高度较大,开敞性好,便于模具和工件的装卸和操作。

2)芯模和工件等自重对主轴不产生挠度,从而提高了主轴的刚度。

3)设备占地面积小,有利于生产线上的布局和使用。

4)大、重型设备旋压机的发展方向。

缺点：

1)在结构尺寸相同的情况下，旋轮架的导轨刚性比卧式差，因此设备较为笨重。

2)大、重型设备高度大，需要较高的安装厂房，基础复杂且要求有很深的地坑，基础工程造价较高。

3)操作不如卧式安全。

（2)卧式旋压机优缺点

优点：

1)设备具有较高的刚度，操作较为简单，成本低，可靠性高。

2)加工效率高，特别适用于小型产品批量化高效生产作业。

3)是小型旋压机的发展趋势。

缺点：

1)占地面积大。

2)大型、重型设备对主轴刚度要求较高，且主轴轴承工况相对恶劣。

3)细长型、大型工装芯模的安装精度不易调整，对旋压产品的精度有较大影响。

按旋压设备的工作力大小，旋压机的形式可分为轻型、中型、重型三种。

轻型旋压机是指一个旋轮所能产生的旋压力在 10 t 以下，一般适用于加工小型薄壁和软质材料工件的强旋或普旋专用机，操作简单、效率高、运行成本低。

中型旋压机是指一个旋轮所能产生的旋压力在 10～40 t，适用于加工中小型各种形状的零件和较长的管材。

重型旋压机是指一个旋轮所能产生的旋压力为 40～200 t，以至更大，适用于加工大型零件。

3.2.3　典型旋压机结构特点介绍

由于旋压机的分类依据不同，各种类型的旋压机之间往往存在交叉，为了避免因此而产生的混淆，下面按图 3-7 所示的分类从结构及功能上介绍一些常见的典型旋压机。

1. 双轮开式强力旋压机

该类型的旋压机具有一个显著的特征，即旋轮分布于两个相互独立的旋轮座体上（见图 3-6)，为敞开式非框架式结构。

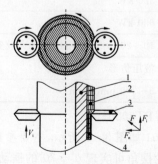

图 3-6　双轮开式强力旋压示意图
1—芯模；2—工件；3—旋轮；4—加工后的产品

旋压机主轴连同芯模1带动未经旋压的工件2主动旋转,左右对称分布的两个旋轮3依靠其旋轮座上的两个油缸或丝扛带动作纵横向运动,通过挤压工件2,使其产生塑性变形,得到壁厚变薄、晶粒细化的产品4。这种类型的旋压机的显著特点:旋轮轴线与主轴轴线的夹角可以调整、旋压工艺参数的合理性要求较高、可热旋压,旋轮错距量可以实现数控调整。

设备1:双轮开式强力旋压机

国内目前吨位、加工直径最大的卧式强力旋压机W029,如图3-7所示,旋压机的主要参数见表3-5。旋轮座与主轴轴线夹角为0°,适用于旋压筒形件;而经过旋轮座上的油缸驱动,旋轮座与主轴的轴线成一定角度,适用于旋压锥形件、曲母线零件。

图3-7　W029双轮开式强力旋压机

表3-5　W029旋压机主要参数

工件直径范围	$\phi300\sim\phi2\,500$
最大工件厚度	26
最大工件长度	正旋时为2 500 mm,反旋时为4 000 mm
旋轮角度是否可调	旋轮座可实现0°~80°旋转,旋轮摆动角度为0°~100°
驱动方式	液压油缸
横向旋压力	600 kN/轮
纵向旋压力	600 kN
尾顶力	500 kN,压力可调
主轴电机功率	320 kW
设备总功率	600 kW
主轴转速	10~200 r/min,可以实现无极变速
旋轮运行方式	液压仿形
纵向进给速度	5~300 mm/min

设备2:双轮开式强力旋压机PT30501

双轮开式强力旋压机PT30501如图3-8所示,主要参数见表3-6。该旋压机纵横向均采用电机带动滚珠丝杠结构,旋轮摆角可实现0°~70°的摆动,可用于筒形件、锥形件、曲母线、球冠、小锥度筒形件的强力旋压与普通旋压。

图 3 - 8　PT30501 双轮开式强力旋压机实物

表 3 - 6　PT30501 旋压机主要参数

工件直径范围	$\phi 50 \sim \phi 1\ 000$
最大工件厚度	20 mm
最大工件长度	正旋时为 2 200 mm,反旋时为 2 300 mm
旋轮角度是否可调	正旋时为 2 200 mm,反旋时为 2 300 mm
驱动方式	纵横向滚珠丝杠
横向旋压力	400 kN/轮
纵向旋压力	300 kN
尾顶力	300 kN,压力可调
主轴电机功率	200 kW
设备总功率	300 kW
主轴转速	30～400 r/min,可以实现无极变速
旋轮运行方式	数控 840C
纵向进给速度	5～300 mm/ min

2. 封闭框架三轮卧式强力旋压机

该类型的旋压机三旋轮座成 120°角均布于一个整体的铸造框架上(见图 3-9)。3 个均布的旋轮 3 和与其相连的座体安装于封闭框架 2 上,在外驱动机构 1(丝杠或油缸)的

驱动下对旋压工件 4 施加外力,迫使旋压工件产生塑性变形,实现产品加工的功能。这种类型的旋压机的显著特点:旋轮座与铸造框架装配连接、刚性好、三旋轮成 120°分布,设备平衡性较好、旋轮错距量不易调整,因其操作简便、技术成熟,广泛应用于筒形件的强力旋压。

设备:封闭框架式三轮卧式强力旋压机 ST560H

三轮卧式强力旋压机 ST560H 如图 3-9 所示,主要参数见表 3-7。该旋压机适用于薄壁圆筒、小锥度筒形件的旋压加工。

图 3 - 9　ST560H 旋压机

表 3 – 7　ST560H 旋压机主要参数

工件直径范围	$\phi65\sim\phi560$ mm
最大工件厚度	16 mm
最大工件长度	正旋时为 2 100 mm,反旋时为 4 500 mm
旋轮角度是否可调	否
驱动方式	纵向滚珠丝杠,横向液压油缸
横向旋压力	300 kN/轮
纵向旋压力	300 kN
尾顶力	300 kN,压力可调
主轴电机功率	160 kW
设备总功率	300 kW
主轴转速	10~1 000/min,可以实现无极变速
旋轮运行方式	数控 840D
纵向进给速度	5~300 mm/ min

3. 三轮立式强力旋压机

旋压机主轴为垂直于水平地面方向,周围成 120°均布三个带有纵向滑块的立柱,纵向滑块在液压油缸的推动下沿主轴作进给运动,旋轮座固定于纵向滑块上,在横向油缸的推动下作横向伸缩动作。该类设备显著特点:旋轮轴线与主轴轴线的夹角一般不可以调整、三旋轮成120°分布设备平衡性好。

设备:三轮立式强力旋压机 SY – 100L

三轮立式强力旋压机 SY – 100L 如图 3 – 10 所示,主要参数见表 3 – 8。该旋压机适用于大直径圆筒的旋压加工,是目前国内吨位最大的强力旋压机。

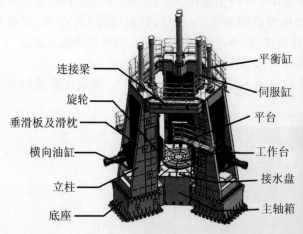

连接梁
旋轮
垂滑板及滑枕
横向油缸
立柱
底座
平衡缸
伺服缸
平台
工作台
接水盘
主轴箱

图 3 – 10　三轮立式强力旋压机

表 3 - 8　SY - 100L 旋压机主要参数

工件直径范围	$\phi1\ 800\sim\phi2\ 500$ mm
最大工件厚度	30 mm
最大工件长度	正旋时为 2 500 mm,反旋时为 5 000 mm
旋轮角度是否可调	否
驱动方式	纵横向液压油缸
横向旋压力	1 000 kN/轮
纵向旋压力	1 000 kN
主轴电机功率	500 kW
设备总功率	800 kW
主轴转速	10~100 r/min,可以实现无极变速
旋轮运行方式	数控 840D
纵向进给速度	5~300 mm/ min

4. 对轮强力旋压机

这一类旋压机主要用于超大直径筒形件的旋压,主轴为垂直于水平地面方向,如图 3 - 11 所示。

主轴中心及外围分别以 90°均布四个带有纵向滑块的立柱,而原安装芯模的位置则由同类型四个带有纵向滑块的立柱和横、纵向液压油缸代替,旋压机主轴仅带动工件旋转。

该类型旋压机主要用于大型固体火箭发动机助推器壳体的旋压加工,其优点是无须设计制作成本昂贵的旋压芯模,同时具有加工吨位大、产品直径尺寸大的显著特征,如实物图 3 - 12 所示。

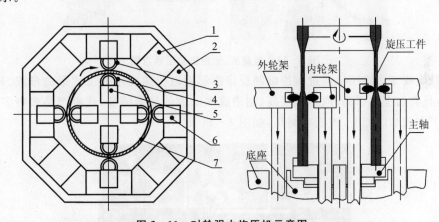

图 3 - 11　对轮强力旋压机示意图
1—纵向导轨;2—浮动框架;3—外旋轮;4—内旋轮;5—内旋轮纵向油缸;6—外旋轮纵向油缸;7—旋压工件

图 3 - 12　对轮强力旋压机

5. 数控普旋机和专用旋压机

这一类型的旋压机具有结构精巧、功能齐全、数控及自动化程度高,有些是集剪切、拉伸、翻边等强旋和普旋于一身的多功能机;而有一些则是专门针对某一特定产品开发的专用旋压机,比如内齿轮旋压机、轮毂旋压机、皮带轮旋压机、气瓶旋压机等种类繁多,产品单一,但效率极高,已经广泛应用于各个行业。旋轮能够自动的偏转较大的角度,并具有多个旋轮库,能够实现自动更换旋轮,主轴的转速也比较高,达到 800 r/min 以上,旋轮能够实现快速的往复及摆角动作,如图 3 - 13 所示。

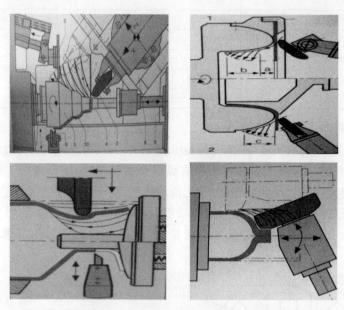

图 3 - 13　普旋机、专用机旋压示意图

数控普旋或专用旋压机通过数控编制程序能够用以快速旋压加工成形曲母线、异型件的薄壁零件,具有加工效率高、成形精度高、制造成本低廉的显著特征,代表产品多种多样,且采用其他加工方式难以加工,或成本高昂,如图 3 - 14 所示。

图 3 - 14　普旋机、专用旋压机成形产品图

专用旋压机或普旋机设备因工能和面向的产品不同,设备主体结构也是多种多样的,但都具有结构紧凑、自动化程度高的显著特征,实例如图 3 - 15 所示。

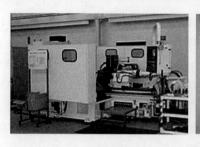

图 3-15　普旋机、专用机设备

　　综上所述,旋压设备的类型多种多样,功能也不尽相同,而且各有所长,很难精确而详细地分类,并且随着科技、设计制造水平以及旋压工艺技术的不断进步,会衍生出越来越多形式的旋压设备。

3.3　旋压工装

　　旋压成形过程中离不开一些主要的工艺装备,例如旋轮、芯模、仿形板、仿形触销和尾顶块等。有时还需采用加热和冷却装置、毛坯装卸和对中装置,以及工件凸缘的剪切修正、翻边,卷边装置和芯模的车削或磨削装置等辅助装备。

3.3.1　旋轮

　　旋轮是旋压加工的主要工具之一,是使旋压工艺取得良好效果的一个重要影响因素。工作时,它与毛坯料直接接触,承受着巨大的接触压力、剧烈的摩擦和一定的工作温度(尤其是热旋压时)。旋轮设计的正确与否,将直接影响旋压力的大小和工件的成形质量。旋轮工作部分的表面状况(形状、结构尺寸、精度、硬度和粗糙度等)也直接地反映到工件的内、外表面上。因此,对于旋轮不但要求其具有足够的强度、刚度、硬度、耐磨性和耐热性,还需要合理的结构形状和尺寸精度以及良好的工作表面。

1. 旋轮材料的选用

　　旋轮必须选用优质的工具钢或含钒的高速钢制造,并整体淬火到高的硬度和抛光成镜面状态。表 3-9 所列为美国几家公司所选用的旋轮技术指标。

表 3-9　美国常用旋轮技术指标

公司	材料	主要成分	淬火硬度 HRC
通用电气	工具钢	—	62~64
福特	工具钢	—	63~65
普拉特惠特尼	高速工具钢 M4	C1.3,Cr4,V4,W5.5,Mo4.5	56~67
	冷作工具钢 D7	C2.35,Cr12,V40,Mo1.0	58~65
洛奇西普来	热作工具钢	C0.8,Cr4,V3,W6,Mo6	68~70
		C1.2,Cr4.1,V3.2,W6,Mo6	64~65
伯德	工具钢 AISIM4		62~64

德国所选用旋轮的一些材料:210Cr246工具钢,淬火硬度为HRC62~64;100CrMn6轴承钢,淬火后回火到HRC63~66;165Cr2MoVW6,淬火硬度HRC62。

国内一些单位所选用的旋轮材料:合金工具钢Cr12,40Cr,Cr12MoV,9CrSi,CrWMn,30CrMnSiA;轴承钢GCr15、GCr15SiMn,高速钢W12Cr4VoMo,W18Cr4V,W9Cr4V2和V3Cr4V,6W6Mn5Cr4V,18Cr4V以及耐热工具钢3Cr2W8等。

大量生产与旋轮直径较小时,建议采用高速钢,其对受热的敏感性较小,有良好的红硬性,工作寿命长,一般冷旋压可进行表面氮化处理。

热旋压用的旋轮材料有Cr12Mo,3Cr2W8V和P18等。

2. 旋轮形状

旋轮的具体结构、工作型面、表面状况及尺寸等均与旋压机的类型、用途、被加工件的材料、形状、尺寸及其变形程度等有密切关系。

(1)普通旋轮

由于受力相对强力旋压较小,因此,旋轮组件的连接方式也相对简单,但由于普通旋压功能成形多样化,因此旋轮的型面多种多样,常用普通旋轮形状如图3-16所示。

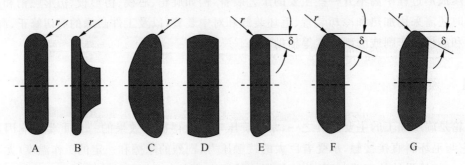

图3-16 普旋旋轮

A,C,F—板料普旋轮;B—缩旋轮;C—光整轮;E—剪切旋压和普旋轮;G—剪切旋轮

常用普通旋轮组件连接形式如图3-17所示。

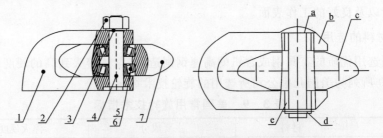

图3-17 常用普通旋轮组件连接形式

1—旋轮座;2—锁紧螺母;3—弹性垫圈;4—旋轮轴;5、6—轴承;7—旋轮;

a—旋轮轴;b—旋轮架围;c—旋轮;d—锁紧销;e—滑动轴承

(2)强力旋压旋轮

强力旋压所使用的旋轮形状相对单一,但是旋轮各个结构特征及尺寸参数对旋压产品质量控制有着显著的影响。

1)旋轮圆角半径R,是旋轮对旋压过程的一个最重要的影响因素。当R增大时,可使旋轮运动轨迹的重叠部分增加,从而提高工件外表面(内旋压的为内表面)的粗糙度,但此时旋压力(径向力和轴向力)增大,易造成毛坯凸缘部分失稳现象。相反,当 R 减小时,虽使变形区的单位接触压力增大,但它与毛坯的接触面积减少比例更大些,所以总的结果使旋压力减小,同时也使工件更好的贴模。但 R 过小,会造成切削现象,工件表面粗糙度变坏,甚至出现裂纹(尤其是低塑性材料)。

根据筒形件成形的要求来选取圆角半径,可按下式计算:

$$R = \frac{\Delta t}{1 - \cos\alpha}$$

当 $\alpha = 10° \sim 20°$ 时,

$$R = (3 \sim 6)\Delta t$$

由此可见,R 的大小取决于道次的减薄量。此外,旋轮圆角半径 R 的大小主要取决于毛坯材料、热处理状态、厚度和减薄率等因素。一般可参照表 3 - 10 选取,塑性好的材料,应取其上限,相反塑性差的取下限。

表 3 - 10　旋轮圆角半径的选择

毛坯厚度 T/mm	减薄率/(%)		
	30	50	70
1～2	2～4	3～5	3～6
2～6	3～8	4～10	4～12
6～10	6～12	8～15	10～18
10～15	10～15	15～25	18～30
15～20	15～20	20～30	25～40
20～30	20～30	25～60	≥40

在实际生产中,旋轮的圆角半径 R 是根据毛坯厚度来进行选择的,经验数据为 $R = (1 \sim 2)t_0$。

2)旋轮前角 α。对于软钢、铜和铝,宜采用前角不大于 $20°$ 的旋轮;毛坯材料为合金钢等硬质材料时,旋轮前角一般为 $\alpha = 15° \sim 35°$。

3)旋轮直径 D。旋轮直径大,有利于提高工件表面粗糙度,但旋压力有所增加。应尽可能使旋轮直径稍大些,以便加大连接轴承尺寸,提升结构刚度,通常为 $\phi 200 \sim \phi 350$ mm。为避免旋压时振动,旋轮直径 D 应避免取芯模直径的整数倍。

4)强力旋压旋轮一般形状如图 3 - 18 所示。

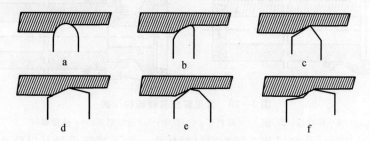

图 3 - 18　强力旋压旋轮结构形式

a—纯圆弧旋轮(适用于旋压铝制预制坯);b—直线与圆弧组合旋轮(同 a);c,d—双锥面旋轮(适用于以小变形率旋压);e—具有修光角的双锥面旋轮(同 c,d);f—带台阶的强力旋压旋轮(用于高变形率的旋压)

5)强力旋压旋轮架。旋压过程中,旋压力通过旋轮轴传递于旋轮架的轴承上,高速旋转的同时,产生了大量的热量,因此对旋轮架内部的结构设计制造均采用较高的精度、可靠性,合理的轴承游隙和润滑,旋轮架一般结构如图 3-19 所示。

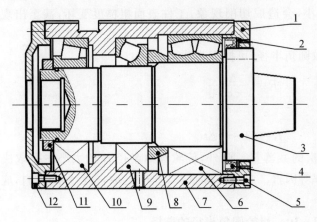

序号	名 称
1	端盖
2	挡板
3	旋轮轴
4	密封圈油封d160×D190H16
5	内六角圆柱头螺钉M8×20
6	调心滚子轴承 24124
7	轴承座
8	隔套
9	推力调心滚子轴承 29322E
10	圆锥滚子轴承 7521
11	锁紧螺母
12	端盖二

图 3-19　强力旋压旋轮架

3.3.2　旋压芯模

芯模是旋压过程中另一个不可缺少的主要工具。金属材料变形时,芯模承受着较大的局部作用力和摩擦,且作用点沿进给方向按螺旋线变化。因此,对芯模的要求是,应具有足够的强度、刚度、硬度、精度和良好的耐磨性;同时,其表面应具有良好的粗糙度。有时还要求热敏感性要低和小的线膨胀系数等。

芯模要求设计可靠性高、加工精度较高。常用芯模材料包括普通碳素钢、铸钢、合金工具钢、模具钢等;在热旋压时,要选用一些耐热、抗氧化的热作模具钢。通常用于高强钢旋压的芯模淬火硬度在 HRC55～62 之间,方能满足旋压加工要求。

(1)常见强力旋压芯模空心钢管结构

可采用直接在模胎上加工止口的整体结构芯模,或带有转接盘的分体结构组合芯模,如图 3-20 所示。

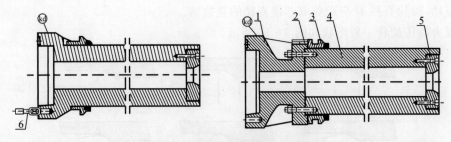

图 3-20　常见旋压芯模结构形式

1—转接盘;2—销;3—卸料环;4—模胎;5—尾顶端盖;6—连接螺钉

模胎通常使用锻件,并经过相关标准原材料探伤。为了减轻重量并以防止模胎应力释放产生弯曲变形,尽可能采用空心结构,但又不能过于单薄,否则受力作用下产生变形甚至压裂。大直径旋压模胎厚度的确定需进行设计校核和静态变形分析,满足使用可靠性的同时,减小重量和原材料成本,常用模胎材料见表3-11。

表3-11　常用模胎材料

材料	硬度	
40Cr	HRC43～48	
Cr12MoV	HRC55～62	
70Cr3NiMo	HRC50～60	中型、大型旋压模胎
CrWMn	HRC55～60	
5CrNiMo	HRC50～60	热旋压芯模
5CrMnMo	HRC50～60	

由于强力旋压通常加工的产品为薄壁细长零件,产品内型面与模具外形面紧紧相贴,产品不易脱模,因此必须设计用于卸料用的卸料环。反旋卸料环还必须具有使工件与芯模相对静止的功能。目前常用的卸料环为在其环体上加工斜齿、销钉或小锥度等结构。

转接盘通常由铸件或棒料、锻件制作,经过调质处理HRC30～35,通过加工出止口与模胎紧配合,并使用4～16个不等的螺栓连接,在模胎末端制作尾顶端盖以在使用尾顶时,起到支撑作用。

(2)普旋芯模

这一类型的旋压芯模有着与产品相近的外型面,但有时往往根据工艺方案要求,有多套过渡模具和一套最终成形模具,如图3-21所示。

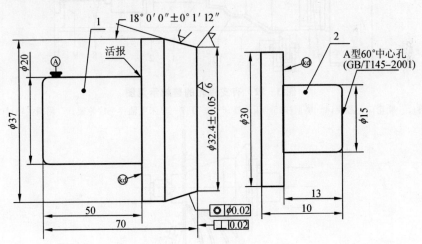

图3-21　普通旋压芯模图
1—芯模；2—尾顶

普旋芯模通常受力不是很大,因此模具的材料通常可以选用铸件、或碳钢,大批量生产选用较昂贵的合金模具钢。对于复杂形状的旋压产品,往往也需要设计几套模具,并采用不同的加工方法,以满足产品的需要。

3.4 普通旋压

3.4.1 拉深旋压

拉深旋压,简称拉旋,是借助旋压芯模利用旋压工具将平板坯料加工成空心回转体工件的方法。芯模的外形是工件的内形,芯模与坯料旋转的同时,旋轮与坯料保持局部接触,作用力较小,单旋轮即可成形,拉旋效果与拉深相似,它是普通旋压中最主要也是运用最广泛的成形方法,毛坯弯曲塑性变形是它的主要变形方式。拉旋时通过控制旋轮进给比、调整旋轮路径和旋压力,可以控制金属径向变形引起的壁厚减薄,保持工件壁厚要求。拉旋时易出现工件壁厚减薄,表面积增大,其增量相当于坯料直径的 3‰~5‰。拉旋时工件转速适度增大有助于增加变形的稳定性。图 3-22 和图 3-23 所示为有支撑轮和无支撑轮的拉深旋压示意图。

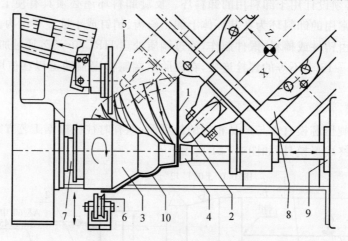

图 3-22 有支撑轮的普旋示意图

1—板料;2—旋轮;3—芯模;4—尾顶杆;5—压边旋;6—车刀;7—车床主轴;8—旋轮架;9—尾顶主轴;10—产品

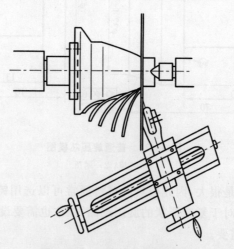

图 3-23 无支撑轮的普旋图

（1）可旋性

在拉深旋压过程中，金属的可旋性与其可拉深性大致相同，因此可用拉深系数 m 表示旋压时各道次毛坯变化情况。拉深系数可以从冲压手册查出，或者按下式计算：

$$m = d_f / D_0$$

式中，m 取决于旋压金属的机械性能和状态、毛坯原始厚度和直径、旋压工具的形状和旋压工艺参数

（2）旋压道次的选择

薄板毛坯旋压不同形状工件所需道次，可以用工件长度（高度）与直径之比 h/d_f 来确定，见表 3–12。根据被成形材料的性能和设备加工能力的不同，可采用冷拉旋和热拉旋两种成形方法。

表 3–12　板料拉旋道次

h/d_f	不同形状零件的道次			h/d_f	不同形状零件的道次		
	筒形	半球形	锥形		筒形	半球形	锥形
1	1	1	1	2.6～3.5	3～4	2～3	2～3
1.1～1.5	1～2	1	1	3.6～4.5	4～5	3	3～4
1.6～2.5	2～3	1～2	1～2	4.6～6.0	5～6	4	4

由于拉旋时金属会发生减薄，引起表面积增大，因此拉旋毛坯的直径按冲压计算时直径可比理论值小 3%～5%。

（3）主轴转速

拉旋时应适当采用高转速。对于平板毛坯，较高的转速可使旋压稳定性提高。推荐采用表 3–13 所示的主轴转速。

表 3–13　拉旋时转速的选用

芯模转速/(m·min^{-1})			芯模转速/(m·min^{-1})		
	小型旋压机	大型旋压机		小型旋压机	大型旋压机
铝	200～1300	200～750	黄铜	200～1 300	200～650
铜	150～650	150～450	钢	200～800	300～500

（4）进给比

最佳进给比取决于材料旋压的稳定性。通常取 0.25～1.0 mm/n，也可增大到 2～4 mm/n，进给比越大，材料贴模越好。

（5）旋轮轨迹

旋轮轨迹是普旋的一个主要参数，它的选择好坏直接决定旋压是否能够成功。目前常用的旋轮轨迹有直线型、圆弧型、渐开线型和直线—圆弧型四种。在设计旋轮轨迹时要综合考虑材料的性能和变形两方面的因素。

（6）旋轮的选择

普通旋压所用旋轮即普旋旋轮主要有两个重要参数：圆角半径 R 和旋轮直径 D。选用旋轮直径需要考虑旋压件的最大直径以及板坯材料和厚度。圆角半径的选用可按照表 3–12 执

行。旋轮形状参考图 3 - 16。

表 3 - 14　旋轮圆角半径的选用

材料　　　　工件直径	150＞d	300＞d＞150
铝 黄铜	6～8	12～15
普通冷轧钢 冷轧不锈钢	6～8	10

3.4.2　缩径旋压

缩径旋压是指使用旋轮将回转体空心件或者管件毛坯的径向局部直径减小的旋压方法。缩径旋压时常用的有无芯模缩旋、内芯模缩旋和滚动模缩旋三种。对于毛坯壁厚在 1 mm 左右的可以采用手工缩旋,大于 1 mm 的利用数控旋压机,而壁厚较厚且材料强度高的材料需要热旋,旋压时需要火焰加热。图 3 - 24 所示为几种不同形式的缩径旋压。

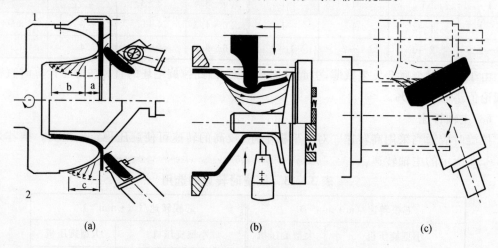

| (a) | (b) | (c) |

图 3 - 24　几种不同的普旋缩径方式

(a)内、外缩旋压;(b)内芯模收口;(c)无芯模缩旋

缩径成形时工件在变形的同时沿轴向延伸,壁厚的变化取决于旋轮的几何形状、缩旋深度、材料、变形力及进给量等因素,对于铝铜工件的缩旋成形,由于其变形抗力较小,应该选择圆角半径较大的旋轮,相反,对于变形抗力较大的钢件,应该选择圆角半径较小的旋轮,以增加其单位面积的压力。

当工件缩旋直径较小时,可以采用无模旋压。采用的旋轮可以是多轮,即在旋轮架上安装若干个旋轮,有利于在加工过程保持径向力的平衡。对于薄壁小直径工件可以冷旋收径,对于塑性较低的金属要加热缩旋。

(1)主轴转速

缩径旋压的特点是毛坯的高速旋转。例如壁厚为 2 mm 左右的毛坯,根据直径不同选用的主轴转速见表 3 - 15。

表 3-15　缩径时主轴转速的选择

工件直径/mm	转速/(r·min^{-1})	工件直径/mm	转速/(r·min^{-1})
50	3 000～3 500	250～300	1 200～1 400
50～100	2 000～3 000	300～400	800～1000
100～150	1 800～2 000	400～500	600～800
150～200	1 500～1 800	500～700	300～600
200～250	1 300～1 600		

（2）进给速度

缩径进给速度的选择，一般在 800～1 400 r/min 左右。铝和铜及其合金旋压时进给比取高一点，而钢件旋压时进给比取小一些。

（3）旋轮轨迹的选用

缩径旋压时，可以按照拉深旋压时旋轮轨迹选择方法确定合适的运动轨迹。

（4）旋轮的选择

缩旋过程中，毛坯被延伸和产生缩径区域壁厚变化。在选择旋轮时必须考虑到毛坯的延伸，应确保金属在延伸方向上流动顺畅。旋轮的几何形状需要根据该道次缩径截面的形状而选择，一般旋轮的工作型面为鼓形或者腰鼓形。对铝和铜制品缩径常用大工作圆角半径的旋轮，而钢制件则用较小圆角半径的旋轮。

3.4.3　扩径旋压

扩径旋压是空心回转体或者管件毛坯进行局部（中部或端部）直径增大的旋压成形方法。

根据工件扩径程度大小，往往分为若干道次进行旋压。其道次数的确定原则是：使材料在扩径中不致产生过度的应变，如果材料有较大的加工硬化趋势，则道次要减少，需要进行中间热处理，消除硬化。

假设扩径时壁厚没有明显变化，则最大扩径量可由材料的延伸率来计算。即

$$\varepsilon = (D_f - D_0)/D_0$$

式中　D_f——扩径后工件直径；

　　　D_0——扩径前工件直径。

对于薄壁毛坯，可用其内径来计算，但是厚壁板料时，必须用其平均值进行计算。

采用扩径旋压法可以成形各种鼓形件和口部翻边件、带有鼓肚、缺凹和卷边的圆形件、多边形和不对称的零件等。

3.4.4　普旋实例

1. 封头普旋成形

图 3-27 所示为封头旋压工艺过程，封头旋压通常是采用板料成形，变形前后壁厚不变化或者变化极小，直径变化较大。旋压时较易失稳或局部拉薄，有单向前进旋压和往复摆动多道次逐步旋压两种方式（图 3-25 中 a 和 b）。产品要素为封头外形轮廓度、已知位置直径、高度、

壁厚等。

主要工艺参数为旋轮运动轨迹、旋压道次、道次旋压间距、旋压速度、是否热旋等。渐开线形旋轮运动轨迹最有利于旋压成形,道次旋压间距的确定极为重要,直接影响旋压过程的成败。

目前,国内外在封头冷旋压成形中,主要采用两种方法。一是一步法,即板坯在旋压机上一次旋压成形。二是二步法,即板坯是在压鼓机上沿板坯展面逐点压制成球冠形,然后在旋压机上翻边。一步法旋压封头,其工作效率远远高于采用二步法成形封头工艺过程,产品质量较好。现阶段一步法旋压封头已处于主导地位,并已发展成熟。

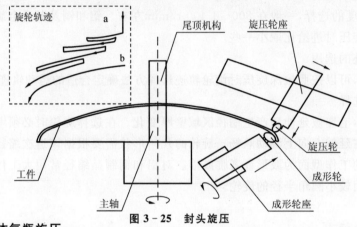

图 3-25　封头旋压

2. 无缝整体气瓶旋压

旋压无缝整体气瓶共有四种类型:钢制无缝气瓶、铝合金气瓶、复合材料钢内胆气瓶、复合材料铝内胆气瓶。主要应用于呼吸气瓶、CNG 天然气气瓶、中大型高压气体运输气瓶等领域。

铝合金气瓶材料多为 6061 铝板或铝棒料,其工艺路线为板材冲压/铝锭热(350 ℃～450 ℃)反挤压成杯状—强旋直壁部分—热收口(400 ℃～450 ℃)普旋成形瓶肩及瓶颈。

钢质(多为 30CrMo)气瓶为管形件热旋压(900 ℃～1 000 ℃)封底—强旋直壁部分/或不旋—热收口(900 ℃～1 000 ℃)普旋成形瓶肩及瓶颈。收口封底旋压中应该注意的是旋压设备、热旋温度、普旋道次及轨迹,另外还应防止瓶肩内壁起皱。图 3-26 所示为气瓶热普旋工艺过程,图 3-27 所示为钢瓶热普旋产品,图 3-28 所示为钢瓶热旋收口过程。

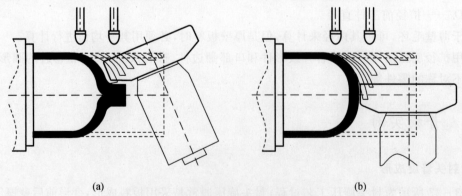

(a)　　　　　　　　　　　　　　　　(b)

图 3-26　气瓶热旋压工艺示意图

(a)气瓶热旋收口;(b)气瓶热旋封底

图 3-27　钢瓶热普旋产品　　　　　　　图 3-28　钢瓶热旋收口

3.5　筒形件强力旋压技术

3.5.1　筒形件强力旋压原理

1. 筒形件强力旋压过程

筒形件强力旋压的主体运动多数是工件由芯模带动作旋转运动,工件的塑性成形依靠旋轮的轴向和径向进给,对坯料实施碾压运动来完成。径向受压缩的工件在旋转时受到周向和轴向的阻碍而产生变形,同时借助于摩擦力使旋轮旋转。因此,旋轮的旋转运动是被动的,其转速大小决定于工件的转速和工件与旋轮的半径比。旋轮与工件之间不仅有滚动摩擦,而且有滑动摩擦,并产生一定热量,需要充足的冷却和润滑。

筒形件强力旋压是旋轮对工件局部施压的过程,通过工件与旋轮相对运动而沿螺旋轨迹逐步连续推进,完成整个工件的成形。旋压成形过程中,坯料旋转产生变形,坯料上有一个连续位移的塑性变形区。变形区沿着螺旋线位移,螺距等于坯料旋转一圈时旋轮的位移量。正旋时材料流动方向与旋轮运动方向相同,反旋时材料流动方向与旋轮运动方向相反。旋轮和工件都是旋转体,两者互相接触加压时,作为刚体的旋轮压入作为塑性体的工件中,其接触面为旋轮工作表面的一部分,接触面的轮廓是旋轮形体与工件形体的塑性变形区。

2. 变形特征

强力旋压整个变形过程可分为三个阶段,即起旋、稳定旋压和终旋阶段。起旋阶段是从旋轮接触毛坯旋至达到所要求的壁厚减薄率,该阶段壁厚减薄率逐渐增大,旋压力相应递增,以至达到极大值。稳定旋压阶段为旋轮旋入毛坯达到所要求的壁厚减薄率后,旋压变形进入稳定阶段。该阶段旋压力和应力基本保持不变。筒形件强力旋压可分为三个区域,即未变形区、变形区和已变形区。

筒形件强力旋压时,变形区处于三向应力状态,正旋变形径向与切向为压应力,轴向为拉应力;反旋变形为三向压应力。正旋时,已变形区承受拉应力;反旋时,待变形区承受压应力。同时,上述两个变形区均承受由于传递扭转力矩所产生的轴向剪切应力。筒形件强力旋压时变形力学简图如图 3-29 所示。

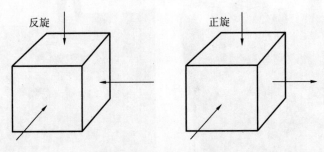

图 3-29 变形力学简图

变形区以径向压缩导致轴向和周向的金属流动,产生轴向塑性流动为主的变形过程。在变形区内金属轴向流动是基本的流动方向,周向的流动量很少,周向流动会引起圆筒直径的变化,可通过调整合适的工艺参数控制旋压圆筒的收径和扩径。

3. 旋压力

旋压力是设计旋压工艺,选择旋压机和设计模具时的重要依据。旋压力与坯料尺寸、材料力学性能、减薄率、旋压方式有很大关系,因此很难用理论分析的方法进行准确计算,采用经验公式可近似计算旋压力。

由于旋压变形本身的复杂性和多样性,在建立旋压力的理论计算公式时,往往要作各种假设和简化。因此旋压力的理论计算值与实际有一定的差距。以下是几种常用的旋压力的计算方法,公式中 α 为旋轮锥角、f 为进给比、σ_s 为材料屈服强度、e 为减薄率、P_r 为径向力、P_θ 为切向力、P_z 为轴向力,D 为旋轮直径,d 为芯轴直径。

(1) Thamasett 计算法

这种筒形件旋压力的计算方法是基于轧制力的相似计算。在公式推导时,假设:①采用双锥面旋轮,忽略圆角半径;②变形区上的摩擦力忽略不计;③接触面近似看作弯曲的长方形。旋压三分力的计算公式如下:

$$P_r = \Delta t \frac{\sigma_s}{\eta} \sqrt{R_0 f \tan^{-1}\alpha} \tag{3-1}$$

$$P_\theta = \Delta t f \frac{\sigma_s}{\eta} \tag{3-2}$$

$$P_z = \Delta t \frac{\sigma_s}{\eta} \sqrt{R_0 f \tan\alpha} \tag{3-3}$$

式中　Δt——壁厚减薄量;

R_0——诱导半径,$R_0 = 2RR_r/(R+R_r)$(芯轴半径 R,旋轮半径 R_r);

η——变形效率。

(2)叶山益次郎计算法

这种计算方法不考虑材料的加工硬化、旋轮圆角,把旋轮与管坯的接触形状认为理想形状,即不考虑旋轮前材料的隆起。其计算公式为

$$\frac{P_r}{\sigma_s t_0 \sqrt{Df \tan^{-1}\alpha}} = \frac{P_\theta}{\sigma_s t_0 f} = \frac{P_z}{\sigma_s t_0 \sqrt{Df \tan\alpha}} = K \tag{3-4}$$

系数 K 正旋时

$$K_F = 2.113e - A[e + 1n(1-e)] \tag{3-5}$$

反旋时

$$K_B = 2.113e - A[e + 1n(1-e)] \tag{3-6}$$

式中，A 为摩擦条件，正旋时 $A = (1 - m\cot\alpha - 0.5m\tan\alpha)$；反旋时 $A = (1 + m\cot\alpha + 0.5m\tan\alpha)$，$m$ 为摩擦状态系数 $(0 \leqslant m \leqslant 1)$。

由于 $P_r > P_z > P_\theta$，因此计算旋压力时，可以只计算径向力和轴向力。旋压工艺设计时，只要旋压机吨位满足最大旋压力要求即可。

3.5.2　旋压毛坯要求

1. 毛坯质量的要求

1）毛坯内部不得有分层、夹杂、裂纹和疏松等缺陷。否则，经过旋压后缺陷放大，旋压件易出现断裂、内裂及微裂纹等缺陷。因此，重要产品的旋压毛坯要求进行无损检测。

2）毛坯表面粗糙度尽可能高，一般不低于 $R_a3.2$。表面不得有划伤、磕碰伤、接刀棱和毛刺等缺陷，否则，旋压件表面会起皮或开裂。

3）毛坯表面擦拭干净，必要时涂抹润滑剂，防止黏结铁屑等杂物产生压伤免压伤和污染润滑剂及冷却液。

2. 毛坯精度的要求

1）毛坯壁厚偏差。由于强力旋压中材料变形是以体积位移方式进行的，因此与回转轴线正交的截面上壁厚的均匀性非常重要。毛坯壁厚偏差过大，会影响旋压圆筒的直线度，甚至造成鼓包、"歪头"和弯曲现象。毛坯壁厚偏差通常应小于 0.1 mm。

2）毛坯内径偏差：毛坯内径偏差过大，容易造成旋压件的椭圆度和扩径。

3）预制毛坯的椭圆度和毛坯不同部位的不同轴度：毛坯的椭圆度大，旋压件的椭圆度也大。对于毛坯椭圆度的一般要求是：管坯直径小于 30 mm 时，其椭圆度应小于 0.05 mm；管坯直径大于 75 mm 时，其椭圆度应小于 0.3 mm。

4）毛坯底部与其轴线的不垂直度：毛坯底部的定位端面与其轴线不垂直度一般不应大于 0.05 mm，这样可以使毛坯底部与芯模和尾顶的端面接触良好，便于传递扭矩，避免发生相对转动，减少旋压件的不垂直和椭圆度。

5）毛坯与芯模的间隙：管坯内表面与芯模的间隙越小越好，以保证管坯顺利套在芯模上为宜。通常，此间隙为 $0.1 \sim 0.2$ mm。间隙太大，会增大旋压件的椭圆度与不直度。

3. 毛坯材料性能的要求

毛坯原始状态对旋压件的质量影响很大。高延伸率、高断面收缩率和低加工硬化指数是使金属材料具有良好可旋性的工艺指标。一般旋压毛坯应为退火态或固熔状态，即软态。有时为了时旋压后材料具有一定的强度，毛坯也可进行调质处理，即半硬态和硬态。毛坯组织状态应尽量均匀，毛坯的金相组织和应力分布不均匀会使旋压变形不均，从而使旋压件鼓包或断裂，不同部位的材料强度各不相同。此外，旋压件尺寸精度会降低，椭圆度会增大。

3.5.3　筒形件强力旋压工艺参数

合理的工艺参数是旋压成功的重要条件。筒形件旋压主要的工艺参数有旋压形式、道次减薄率、进给比、芯模转速、旋轮工作角及工作圆角半径、芯模与旋轮之间的间隙、多轮旋压时的轮间错距量、热旋温度等。

（1）减薄率

在强力旋压过程中道次减薄率是一个重要的工艺参数,减薄率反映工件的变形程度,它直接影响到旋压力大小和旋压件精度的好坏。流动旋压时道次减薄率过大会造成工件畸变增大,精度下降,表面出现波纹、折叠等缺陷;道次减薄率过小则会增加工件厚度上的变形不均,使工件精度变差,还能使工件因变形不充分而出现裂纹。

道次减薄率的计算公式为

$$\Psi_t = \frac{t_0 - t_f}{t_0} \times 100\%$$

有报告研究认为道次减薄率在 20%～30% 效果最佳。

（2）进给比

芯模每转一圈时旋轮沿芯模母线移动的距离称为进给比。流动旋压时,进给比对工件直径的缩径和扩径有显著的影响。一般情况,大进给比有助于缩径,小进给比有助于扩径。过大的进给比容易造成旋轮前材料的隆起和堆积。过小的进给比可能使材料表面产生"鳞皮"。根据经验,流动旋压的进给比可在 0.3～2.5 mm/r 的范围内选取。

（3）芯模转速

芯模转速与旋压变形速度有关。增加转速有助于提高生产效率,改善零件表面粗糙度。但过高的转速往往会引起机床的振动。根据经验和机床的实际情况,合理选择芯模转速。

（4）旋轮工作角及圆角半径

旋轮圆角半径对旋压力、厚度应变和成形性有很大影响,是影响旋压成形过程的重要工艺参数之一。根据经验,对于筒形件旋压,旋轮工作圆角半径取 $R = (0.4\sim1.0)t_0$;筒形件旋压工作角的经验数据如下:低硬度材料,取 $\alpha = 15°\sim20°$;中硬度材料,取 $\alpha = 20°\sim25°$;高硬度材料,取 $\alpha = 25°\sim30°$。

（5）旋压间隙

筒形件强力旋压时,旋压件的厚度取决于旋轮与芯模之间的距离,即旋压间隙。一般来说,旋压间隙要小于成形旋压件壁厚,主要是由于旋压工艺系统(设备-芯模-旋轮)在旋压力的作用下会产生弹性变形,造成旋轮相对于芯模的退让。因此每道次芯模与旋轮之间的间隙的调整不仅应考虑旋轮退让量,还应根据旋轮圆角半径和进给量等具体条件来调整。

（6）多轮旋压时的轮间错距量

错距旋压可以在一次旋压行程得到较大的道次减薄率,轮间错距量太大或太小都会影响旋压件质量。错距量太大会出现多头螺纹轨迹,影响母线的直线度,甚至使旋压件产生扭曲失稳。错距量太小时,各旋轮会产生干涉使旋轮承受的旋压力严重不均匀。

旋轮间错距量可以采用下列公式计算,正旋时

$$a_{12} \geqslant \frac{ft_3}{3t_1} + \Delta t_2 \arctan\alpha_{p2} + R_{p2}\sin\alpha_{p2}(1-\cos\alpha_{p2})\arctan\alpha_{p2} \qquad (3-10)$$

$$a_{23} \geqslant \frac{ft_3}{3t_1} + \Delta t_3 \arctan\alpha_{p3} + R_{p3}\sin\alpha_{p3}(1-\cos\alpha_{p3})\arctan\alpha_{p3} \qquad (3-11)$$

反旋时

$$a_{12} \geqslant \frac{ft_0}{3t_1} + \Delta t_2 \arctan\alpha_{p2} + R_{p2}\sin\alpha_{p2}(1-\cos\alpha_{p2})\arctan\alpha_{p2} \qquad (3-12)$$

$$a_{23} \geqslant \frac{ft_0}{3t_2} + \Delta t_3 \arctan\alpha_{p3} + R_{p3}\sin\alpha_{p3}(1-\cos\alpha_{p3})\arctan\alpha_{p3} \qquad (3-13)$$

式中　f——进给比;

　　　t——旋轮与芯模间隙;

　　　R——旋轮圆角半径;

　　　α——旋轮的成形角;

　　　Δt——旋轮的压下量。

（7）热旋温度

旋压温度对于一些常温下塑性较差的材料,如钛合金、钨、钼等难熔金属非常重要。需要合理选择旋压加热温度。一般情况下,随着坯料温度的升高,变形抗力下降,延伸率随之提高,有利于旋压进行。但是坯料温度过高,会造成坯料与芯模之间温差过大,特别是对于导热性差的材料容易造成工件内外表面温差过大,工件容易产生密集型裂纹。同时,过高的温度容易使材料组织产生晶粒长大现象,芯模和旋轮在高温下工作也会降低其使用寿命。

3.5.4　旋压件质量控制

旋压件质量的控制是一项系统工程,需要从原材料、工艺装备、工艺过程多方面加以控制。强力旋压件的主要缺陷有堆积、起皮、开裂、鼓包、裂纹等。

1. 旋压堆积失稳

筒形件变形失稳表现为隆起堆积,如图 3-30 所示。堆积失稳易造成旋压件开裂、鳞皮等问题。但旋压过程稳定,少量的隆起是允许的。

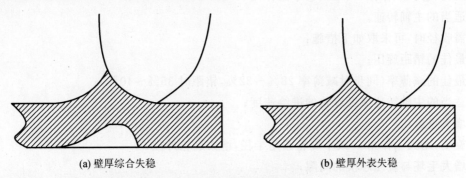

(a) 壁厚综合失稳　　　　　　　　　　(b) 壁厚外表失稳

图 3-30　失稳隆起现象

强力旋压为局部加载变形,接触区在不断改变,材料隆起是一个逐步积累的过程。隆起与进给比、减薄率、工装等因素有关。隆起的大小用系数 ξ 表示:$\xi = \Delta t/t_0$,即隆起堆积高度与壁厚之比,如图 3-31 所示。一定范围的隆起流动变形是稳定的,超过一定界限的变形属非稳定状态。

减少旋轮对坯料的轴向压力,即减小旋轮工作角和适当增大圆角半径,均可改善或消除堆积失稳现象,有效提高旋压件质量。因此在制订旋压工艺时,必须合理选择旋轮工作角、进给比与减薄率等参数,以保证旋压过程塑性流动的的稳定性,得到尺寸精良的工件。

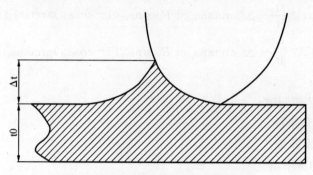

图 3-31　隆起堆积高度与坯厚示意图

2. 尺寸精度

（1）内径精度

筒形件强力旋压过程中,材料沿轴向和周向流动。其轴向流动使工件延长,周向流动控制工件内径精度。影响材料周向流动的要素如下：

1）毛坯（材料、晶粒度、厚度、内径尺寸等）；

2）工装（芯模尺寸、粗糙度,旋轮工作角、圆角半径等）；

3）工艺参数（道次减薄率、进给比、主轴转速等）；

4）其他（润滑等）。

当需要扩径时,可采取以下措施：

1）采用同步旋压或较小的错距；

2）小的道次减薄率；

3）小的进给比 f（mm/r）；

4）旋轮：①大工作弧（$R \geqslant t$）；②小工作角（$a \leqslant 25°$）；

5）适当的主轴转速。

当需收径时,可采取如下措施：

1）最佳的错距旋压；

2）最佳的减薄率（同步时减薄率 28%～32%,错距时 35%～40%）；

3）适当的主轴转速或者旋轮的进给速度；

4）增大进给比；

5）旋轮：增大工作角 a,减小旋轮圆角半径,增大旋轮外径；

6）增大毛坯与旋压芯模的间隙；

7）良好的间隙与冷却。

（2）壁厚精度

影响壁厚精度的因素有以下几个因素：

1）毛坯（壁厚差、直线度、圆度、组织的均匀性等）；

2）工装（芯模与毛坯的间隙、刚性、安装精度等）；

3)工艺参数(道次、进给比和机床精度等)。

3. 形状精度

(1)旋压产品的圆度精度分析

影响圆度的因素较多,针对具体产品可采取以下措施:

1)与旋压芯模的间隙要小,以长度,直径选取 0.02~0.10 mm;

2)产品贴模状态,即防止扩径,成品旋压不采用扩径参数;

3)旋压道次要相对取少,但道次变薄率不易太大,正旋时,同步取 28%~32%,错距 36%~42%,反旋时,同步取 25%~28%,错距 33%~36%;

(2)母线直线度分析

一般地讲,影响产品圆度和壁厚精度的因素,都可能引起母线不直。对应措施如下:

1)贴模状态旋压,不用扩径工艺参数;

2)采用合适的变薄率;

3)提高旋轮和旋压芯模的安装精度,径跳不大于 0.05 mm;

4)合理匹配道次;

5)提升旋压毛坯的精度。

3.6　剪切旋压成形

3.6.1　剪切旋压概述

剪切旋压成形时遵循正弦定律,亦即在同一直径上,旋压件厚度 t 等于毛坯厚度 t_0 与旋压件半锥角 θ 的正弦值之积,即

$$t = t_0 \sin\theta$$

同样的原理,当旋压毛坯是预成形件或中间形状时,则预成形件与工件之间遵循以下公式:

$$t = t_0 \frac{\sin\theta}{\sin\theta_0}$$

对于剪切旋压而言,减薄率计算式为

$$\Psi = \frac{t_0 - t}{t_0} \times 100\% = (1 - \sin\theta) \times 100\%$$

3.6.2　剪切旋压的主要工艺参数

剪切旋压过程中一般工艺参数同筒形件强力旋压,但与筒形件流动旋压工艺参数不同有旋压偏离率、旋轮安装角、毛坯壁厚和直径等。

(1)旋轮安装角

通常芯模的轴向与旋轮轴向构成的角度为旋轮安装角 δ,其值可在 $0° < \delta < \theta + 90°$ 的范围

内任意选择,通常取 $\delta=\theta$ 或者 $\delta=90°$。旋压力 P_r 和 P_z 均随着 δ 角的增大而减小。

(2)偏离率

假设旋压间隙 Δt 符合正弦定律,则毛坯外周不发生挤压现象。但是,若其间隙不满足正弦定律时,旋压过程都不稳定,其过程如图 3-32 所示。当工件旋压壁厚实际值小于理论计算值时,工件为负偏离旋压,反之称之为正偏离。当减薄率超过材料的极限减薄率时可采用负偏离以避免增加工序,当旋压回弹较大的材料时,也可以采用负偏离来改善已成形段的贴模程度,减少成形段承受的扭距,提高工件的精度。但负偏离较大时,旋压力急剧增加,出现"反挤"、隆起、毛刺等瑕疵。正偏离有利于在旋压过程中提高材料利用率,但不宜在终旋道次使用,当正偏离增大时则会带来工件直径和壁厚精度的急剧下降,工件的型面质量较差。一般情况下,采用偏离率在 $\pm(3\%\sim5\%)$ 之间时旋压过程较为平稳。而正偏离大时出现了不贴模和凸缘向后前倾斜严重的现象,负偏离大时出现了材料向后流动、成形段隆起以及旋轮前堆积的现象。

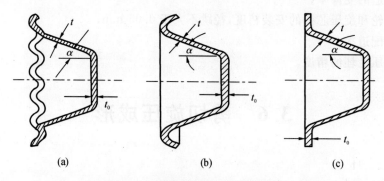

(a)   (b)   (c)

图 3-32　剪切旋压的几种变形情况

(a)起皱($t>t_0\sin\alpha$);(b)向后弯曲($t<t_0\sin\alpha$);(c)直边($t=t_0\sin\alpha$)

(3)毛坯壁厚

毛坯厚度决定着旋压力的大小和旋压道次的规划,从旋压力的计算公式可以知道,各分力与毛坯壁厚大致成直线增加的关系,特别是切向应力随着毛坯壁厚的增加急剧的增大。选取旋压毛坯壁厚时,应根据旋压设备能力和毛坯制造条件合理选取。

(4)圆板料毛坯直径

在其他条件相同时,圆板料直径对旋压力的影响如下:当圆板料直径为 100 mm 以下时,由于旋轮圆角半径对毛坯凸缘的约束作用小,旋压力较小。当圆板料直径大于 100 mm 时,由于旋轮圆角半径对毛坯凸缘的约束作用小,旋压力基本不变。

3.6.3　旋压毛坯的设计计算

1. 一般锥形件的毛坯计算

锥形件剪切旋压时,工件各道次旋压应符合正弦律,旋压毛坯确定时应留有适当的工艺余量。圆板料的直径 D_0 可按照以下公式计算:

$$D_0=D_{理}+\Delta D$$

式中,$D_{理}$ 为旋压件直径理论计算值(mm)。

对于需多次旋压的锥形件,毛坯余量应留大一些;对于旋压道次少的锥形件,毛坯余量应多一些。通常,旋压道次余量留 15～20 mm。

2. 曲母线形件的毛坯计算

由于有些零件的母线切线与其轴线的夹角变化大,因此需要将毛坯预加工成不等厚板坯,如图 3-33 所示。

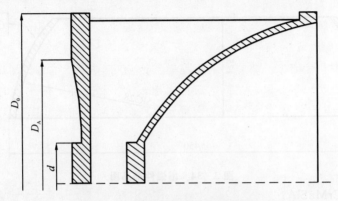

图 3-33　曲母线形件的不等厚毛坯

3. 封头的毛坯计算

封头可以用板料或者预制体旋压而成。预制体是用板料冲压拉深、爆炸成形或者普通旋压法制成的。封头可分为椭球封头、蝶形封头和半球形封头等。以下以西安航天动力机械厂旋压的椭球封头为例介绍毛坯的计算方法。

1)等体积法,是指毛坯的面积与封头中性层的面积相等。

$$\frac{\pi D_0}{4} = S_{CP} + \pi D_{CP}(h+c)$$

$$S_{CP} \approx 1.38 \frac{\pi D_{CP}}{4}$$

则

$$D_0 = \sqrt{1.38 D_{CP}^2 + 4 D_{CP}(h+c)}$$

式中　D_0 —— 封头毛坯计算直径(mm);

　　　D_{CP} —— 封头中性层直径(mm);

　　　h —— 封头直边高(mm);

　　　c —— 封头毛坯齐边量(mm);

　　　S_{CP} —— 封头中性层部分的面积(mm)

2)线展开法,即把封头断面中性层的展开长度定为毛坯直径。

椭圆的半周长为

$$L = \frac{a}{2} f\left(\frac{b}{a}\right) = 2.422\ 1a$$

若将中性层拱形部看成近似标准椭圆形,则

$$a = D_{CP}/2,$$

根据线展开法原理,可得毛坯直径为

$$D_0 = L + 2h = 1.211 D_{CP} + 2h$$

3.6.4 剪切旋压实例

1. 增强件产品加工实例

产品结构如图 3-34 所示,外形轮廓为球冠。

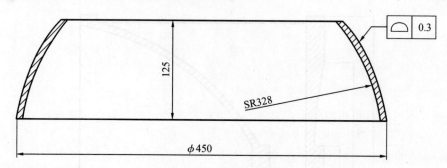

图 3-34 增强件产品图

工件材料:30CrMnSiA;

旋轮圆角:R25;

工艺参数:转速 $S=80$ r/min,进给比 $f=1.2$;

经济效益:代替原来较大锻件车削,节约材料 90%,工件性能改善,强度提高。

2. 变壁厚椭球封头旋压加工实例

产品结构如图 3-37 所示。

工件材料:超高强度钢;

旋轮圆角:R25;

工艺参数:转速 $S=60$ r/min,进给速度 $f=60$ mm/min→32 mm/min。

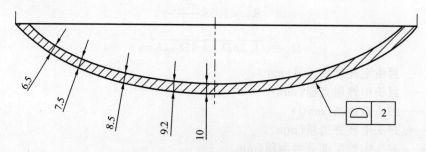

图 3-37 标准变壁厚椭球封头

3.7 数值模拟在旋压加工中的应用

金属旋压成形是一个非常复杂的三维弹塑性变形过程,既具有物理非线性,又具有几何非线性的特点,并且边界条件也较为复杂,也是非线性。弹塑性有限元法求解金属塑性成形问题时尽管比较复杂,但是能够比较正确的反映客观实际,并能模拟出包括卸载过程的金属塑性成形全过程,同时能够计算出变形过程中质点的流动规律、应力应变的分布、卸载后的残余应力和残余应变的分布等。所以金属旋压过程可以用弹塑性有限元法进行数值模拟分析。

旋压时的应力与应变的计算分析一直是旋压理论研究一个重要的领域,它对旋压设备的选择、工装的设计、工艺参数的确定以及对旋压过程深入的研究十分重要。通过计算分析变形力,可以了解旋压过程中力、应变-应力的状态及变化规律,为正确选择旋压设备和工具,合理制定工艺规程提供依据。还可以为改进旋压工艺,充分发挥生产设备的潜力提供帮助。

3.7.1　数值模拟的弹塑性原理

采用有限元法时,先把连续体或结构划分为若干个有限大小的单元,各个单元的大小可以不同,排列方式也没有严格的要求。每个单元通过一些特定的"结点"与周围其他单元联结。

有限元法解题的整个过程扼要叙述如下。

步骤 1:结构的离散化。把结构或连续体分割成许多单元,因而在着手分析时,必须用适当的单元把结构模型化,并确定单元的数量、类别、大小和布置。

步骤 2:从区域或结构中取出其中一个单元来研究。选择适当的插值模式或位移模式近似地描述单元的位移场。通常把插值模式取为多项式形式。从计算的观点看多项式简单,而且满足一定的收敛要求。单元位移函数用多项式来近似后,问题就转化为如何求出结点位移。结点位移确定后,位移场也就确定了。

步骤 3:单元刚度距阵和载荷向量的推导。根据假设位移模式,利用平衡条件或适当的变分原理可以推导出单元 e 的刚度距阵$[K](e)$和载荷向量 $P(e)$。

步骤 4:集合单元方程得到总的平衡方程组。连续体或结构是由许多个有限单元组合而成,因此,对整个连续体或结构进行有限元分析时,就需要进行组合。把各个单元刚度距阵和载荷向量按适当方式进行组合,从而建立如下形式的方程组:

$$K\delta = P$$

式中　　K——总刚度距阵;

δ—整体结构的节点位移;

P—作用在整个结构的有限元结点上的外力。

步骤 5:求解未知结点位移。按问题的边界条件修改总的平衡方程,使结构不可刚体移动,对于线性问题可以很容易的从代数方程组中解出结点位移$\{\delta\}$。

步骤 6:单元应变和应力的计算。可以根据已知的结点位移利用固体力学或结构力学的有关方程算出单元的应变和应力。

本例中采用 ABAQUS 有限元数值模拟软件建立筒形件旋压模型,分析旋压过程中的应力与应变的变化规律以及各工艺参数对旋压过程的影响。

3.7.2　旋压问题分析

根据旋压加工的实际情况以及有限元数值模拟方法的特点,使用有限元分析软件对旋压加工过程进行数值模拟。

图 3-38 所示为某产品筒形件旋压加工模型,旋轮的形状如图 3-39 所示,采用反向旋压

的方法,旋压坯料材料为 3A21 铝合金,密度为 2 702 kg/m³,弹性模量为 67.08 MPa,泊松比为 0.33,坯料厚度为 10 mm,旋压模型主要几何及工艺参数见表 3-14。

图 3-38　筒形件旋压加工模型　　　　　图 3-39　旋轮形状

1)几何模型的建立:按照实际情况建立旋轮、毛坯、芯模的几何模型。

2)划分网格:毛坯采用三维八节点六面体缩减积分单元 C3D8R,旋轮与芯模为解析性刚体。

3)边界条件:在筒形件旋压加工中,可以指定旋轮的转速和进给速度,假定毛坯与坯料不动,两个旋轮在做进给运动的同时绕毛坯旋转。

4)接触条件:主面为刚度较大的旋轮与芯模表面,从面为毛坯表面,旋轮与毛坯之间为摩擦因数 0.15 的滑动摩擦,芯模与毛坯间为约束。

5)材料属性:旋轮与芯模视为刚体,毛坯为弹塑性可变形体。

表 3-14　旋压模型主要参数

参数	数值
坯料内径/mm	300
旋轮直径/mm	200
旋轮圆角半径/mm	6
旋轮旋入角/(°)	20
减薄率/(%)	40
主轴转速/(r·min⁻¹)	120
进给速度/(mm·s⁻¹)	0.4
摩擦因数	0.15

3.8　本　章　小　结

本章共分为 7 节,通过对旋压技术概况、旋压设备、旋压工装、普通旋压、筒形件强力旋压、剪切旋压和数值模拟在旋压加工中的应用等内容的阐述,3.1 节对旋压技术的特点、分类和应用前景进行了分析,3.2 节结合实例分析了各种旋压设备的特点和适合成形的工件,3.3 节对旋压工装的技术要求做了详细讲解。在此基础上,通过 3.4~3.6 节对普旋、筒形件强力旋压和剪切旋压的工艺特点、工艺参数设计和质量控制进行了详细分析和描述。随着计算机辅助工艺技术的应用,3.7 节主要讲解了数值模拟塑性成形原理和筒形件数值模拟实例。

　　随着我国装备制造业的不断发展和国防工业的技术进步,旋压技术工艺也在不断的发展中,在传统普通旋压和强力旋压的基础上,对非传统零件,例如各种异型件、复杂型面零件的变形过程及压力-应变特点的研究也在逐步的探索与完善中,并且取得了很大的进步,旋压产品也由最初的航天航空用导弹制导舱壳体、弹体、发动机壳体、药形罩等拓展到汽车、冶金、核电、家电等国民经济的各个方面,不断的丰富着旋压成形技术的加工范围,由于旋压技术"精净成形"的特点,还有着极为广泛的市场推广与应用前景;与此同时旋压设备也应向着生产高效化、控制智能化、成形精密化、型号系列化的方向发展,我国数控强力旋压设备的自主创新能力得到了很大的提高。在旋压技术研究方面,也有单一的旋压成形方式,向复合旋压技术和多种成形方法相结合的发展,并伴随着计算机辅助设计技术的不断推广应用,在未来几年,旋压技术也必将蓬勃发展,技术与设备不断完善,在旋压件轻量化、复杂化和结构化应用方面不断发展,为国民经济的发展做出更大的贡献。

思 考 题

　　1. 强力旋压是如何进行分类?请用结构图描述。

　　2. 简单编制直径 $\phi200$ 标准椭圆的拉深旋压工艺方案。

　　3. 某旋压机横向油缸活塞直径为 450 mm,活塞杆直径为 150 mm;在旋压过程中前后腔压力表指示均为 12 kg/cm,试求现在横向旋压力的大小。

　　4. 在某壁厚为 10 mm 的筒形件反旋压过程中,已知旋轮轴向进给为 50 mm/min,零件减薄 4 mm,试求旋压过程中已旋材料相对旋轮的流动速度。

　　5. 某锥型件半锥角 26°,壁厚 13.0 mm,试求强力剪切旋压毛坯板料壁厚和减薄率($\sin26°=0.44$),并简单设计旋压工艺方案。

第4章 焊接工艺技术

焊接由于可以实现固体火箭发动机壳体和金属零部件的分段制造,达到简化工艺、节省原材料、缩减生产周期的目的,在固体火箭发动机壳体及金属件制造中占有重要地位。

焊接是指被焊工件的材质(同种或异种),通过加热或加压或二者并用,并且用或不用填充材料,使工件的材质达到原子间的结合而形成永久性连接的工艺过程。它是通过使金属表面接近到相距 R_a,在接触表面上进行扩散、再结晶形成金属键,实现永久结合。目前固体火箭发动机主要应用的熔焊方法有钨极氩弧焊、手工电弧焊、熔化极气体保护焊、埋弧焊、电子束焊和激光焊等,生产中使用较多的焊接方法是惰性气体保护焊、电子束焊,其中惰性气体保护焊占到90%以上。

4.1 基 础 理 论

固体火箭发动机要求焊缝强度高、韧性好,表观质量和内部缺陷满足相关标准的严格要求,另外,为了满足弹总体发射精度和装配精度的需要,对发动机金属壳体的圆度、直线度等形状精度指标也提出了较高要求。因此,在固体火箭发动机焊接中,需要对焊缝成形、内部缺陷、焊接残余应力和残余变形、焊缝的组织和力学性能等进行有效的控制。本章主要介绍相关的焊接基础理论,为掌握固体火箭发动机焊接技术提供支撑。

4.1.1 焊缝成形

弧焊是利用电弧加热熔化工件和焊丝,焊接时,电弧正下方的熔池金属被排向熔池尾部。随着电弧的移动,熔池尾部金属流向电弧移去后留下的凹坑里,冷却结晶形成焊缝。焊缝形状尺寸和焊缝成形缺陷对焊缝力学性能影响较大。

1. 焊缝形状尺寸及影响因素

焊缝形状参数如图 4-1 所示,有焊缝熔深 H,熔宽 B,B/H 称作焊缝的成形系数 φ,对于薄件完全熔透焊接,熔宽 B 影响焊缝性能,φ 的大小还会影响熔池中气体逸出的难易、熔池的结晶方向、成分偏析、裂纹倾向性等,进而影响焊缝性能。焊缝的另一个重要的尺寸是余高 a。余高可避免熔池金属凝固收缩时形成缺陷,也可增加焊缝承载能力。但余高过大将引起应力集中或降低疲劳强度,因此也要限制余高尺寸。

影响焊缝形状尺寸的主要参数有焊接电流、电弧电压和焊接速度,此外,电流的种类和极性、电极尺寸、坡口型式、尺寸、间隙的大小、电极与工件间的倾角、接头的空间位置等焊接工艺因素对焊缝成形也有影响。

1) 焊接电流。其他条件不变时,焊接电流增大时,焊缝的熔深和余高增加,熔宽略有增加。

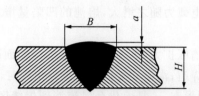

图 4 - 1 焊缝形状

2)电弧电压。电弧电压增大后,电弧功率加大,工件热输入有所增大。由于电弧电压的增加是以增加电弧长度实现的,使得电弧热源半径增大,工件热输入能量密度减小,因此熔深略有减小而熔宽增大。同时由于焊接电流不变,焊丝送进速度和焊丝熔化量没有改变,使得焊缝余高减小。为了得到合适的焊缝成形,在增大焊接电流时,也要适当地提高电弧电压,也可以说电弧电压要根据焊接电流来确定,这在熔化极电弧焊中最为常见。

3)焊接速度。焊速提高时焊接线能量减少,熔宽和熔深都减小,余高也减小。焊接速度提高可以提高焊接生产率,但大功率下高速焊接,有可能在工件熔化及凝固中形成焊接缺陷,比如裂纹、咬边等,所以对焊速的提高一般需要加以限制。

4)电流的种类、极性。电流的种类和极性影响到工件热输入量的大小,也影响到熔滴过渡的情况以及熔池表面氧化膜的去除等;钨极端部的磨尖角度和焊丝的直径影响到电弧的集中性和电弧压力的大小;焊丝的直径和焊丝的伸出长度还影响到焊丝的熔化和熔滴的过渡,因此都会影响到焊缝的尺寸。

钨极氩弧焊焊接钢、钛等金属时,以直流正接所形成的焊接熔深最大,直流反接时的熔深最小,交流居于两者之间。低频脉冲焊通过调整脉冲参数,可以控制焊缝成形尺寸。焊接铝、镁及其合金时,考虑到要利用电弧阴极清理作用,以采用交流为好,方波交流由于波形参数的可调性,焊接效果更好。

总之,影响焊缝形状尺寸的因素很多,要获得良好的焊缝形状尺寸,需要根据工件的材料、厚度、接头的型式、焊缝的空间位置,以及对接头性能和焊缝尺寸方面的要求,选择适宜的焊接方法、焊接规范和焊接工艺。

2. 焊缝成形缺陷及形成原因

1)未焊透和未熔合。单面焊接时,接头根部未完全熔透的现象叫未焊透,单层焊、多层焊或双面焊时,焊道与母材之间、焊道与焊道之间未能完全结合的部分称作未熔合,正反面焊道虽然在中间熔合到一起,但相互熔合搭接量低,焊缝强度仍然受到影响,称作熔合不良。

未焊透、未熔合有相同的产生原因主要是焊接电流小、焊速过高,或者是坡口尺寸不合适,以及电弧中心线偏离焊缝、电弧产生偏吹等。薄板焊接中,如果夹具对焊件背面的散热程度大,也会出现未焊透,或背面一部分焊透,一部分未焊透的成形不均现象。

2)焊穿。焊接时熔化金属自焊缝流出并脱离焊道形成穿孔的现象叫焊穿。焊接电流过大、焊速过小都可能出现这种缺陷。厚板焊接时,熔池过大,固态金属对熔化金属的表面张力不足以承受熔池重力和电弧力的作用,从而形成熔池脱落。在薄板焊接时,如果电弧力过于集中,或者对缝间隙过大也会出现焊穿。焊穿属于严重的焊接缺陷,等同于对工件形成了切割。

3)咬边和凹坑。咬边和凹坑的形成受到熔池形态的影响。对应于高速焊接的电弧和熔池,由于焊速很快,焊缝两侧的金属没有被很好熔化,同时熔化金属受表面张力的作用容易聚集在一起而对焊趾部位的润湿性不好,容易形成固液态剥离,凝固后出现咬边。在保持焊接速度一定的情况下增加电流值,电弧力随之增大,熔池的凹陷量增加,电弧正下方只有很薄的熔化层,把该区域称作沟槽区。

如果再加大电弧压力,沟槽区扩大,电弧下方后部的沟槽面凝固,残留在焊道中。沟槽面凝固是连续进行时,形成分离焊道;沟槽面凝固是周期性出现时,形成断续的凹坑焊道。

4)焊瘤。焊瘤有两种表现形态:一是熔化金属流淌到焊缝区以外未熔化母材上聚集成金属瘤,这是由于填充金属过多引起的,或熔池重力作用的结果;另一种是直接在焊缝上聚集成大的金属瘤,多数情况是由于不稳定的熔滴过渡造成的。

4.1.2 焊接接头组织和性能特点

1. 焊缝金属结晶

焊缝金属由液态转变为固态的凝固过程称为焊缝金属的一次结晶,随着连续冷却过程的进行,高温奥氏体还要发生固态相变,也称二次结晶。焊接过程中的许多缺陷,如气孔、裂纹、夹杂和偏析等大多是在熔池一次结晶时产生的,二次组织对焊缝的性能起决定性作用。

焊接熔池的结晶是由形核和晶核长大这两个基本过程组成。焊接熔池中的晶核是以非自发形核为主,熔池结晶时主要是以半熔化的母材晶粒为晶核并长大。由于焊缝晶粒是母材半熔化晶粒的延伸,半熔化区母材晶粒的尺寸决定着焊缝柱状晶的尺寸。为了防止因母材过热而导致焊缝晶粒粗化,在焊接对过热比较敏感的材料时,应通过调整焊接参数等措施来控制近缝区母材的晶粒尺寸。还可以通过变质处理和振动结晶改善焊缝金属一次结晶组织。

气孔和夹杂是焊接生产中经常遇到的一种缺陷,它不仅削弱焊缝的有效工件断面,同时也会带来应力集中,显著降低焊缝金属强度和韧性,对动载强度和疲劳强度更为不利。在个别情况下,气孔和夹杂还会引起裂纹。焊缝中产生气孔的根本原因是由于高温时溶解了较多的气体;另外,在进行冶金反应时又产生了相当多的气体。这些气体在焊缝凝固过程中来不及逸出时就会产生气孔。气孔主要有氢气孔、氮气孔和一氧化碳气孔。增大焊接电流,降低焊接速度,均能增长熔池存在的时间,有利于气体逸出。在焊前仔细清除焊件、焊丝上的污锈,特别是油质。焊缝中的夹杂主要有氧化物、氮化物和硫化物,在工艺操作时,注意选用合适的焊接工艺参数,及时清除前层焊缝的熔渣,操作时注意保护熔池,防止空气侵入,都可以有效的防止焊缝夹杂的产生。

焊接裂纹的形态和分布特征很复杂,有焊缝的表面裂纹、内部裂纹,有热影响区的横向、纵向裂纹,有焊缝和焊道下的深埋裂纹。按产生裂纹的本质,可以分为热裂纹、再热裂纹、冷裂纹、层状撕裂和应力腐蚀裂纹。

焊缝金属的二次结晶转变后的组织和性能取决于焊缝的化学成分和冷却条件。低合金钢焊缝组织根据化学成分不同和冷却条件差异可生成铁素体、贝氏体、珠光体和马氏体等组织。其中,下贝氏体组织和板条马氏体组织是性能较好的组织。通常通过焊后热处理、多层焊接、锤击焊道或坡口表面、跟踪回火等改善二次结晶组织。

2. 焊接接头熔合区组织和性能特点

熔合区是焊缝与母材之间固-液两相交错并存的半熔化区,其宽度约为 0.1~0.5mm。这个区的微观行为十分复杂,焊缝与母材的不规则结合,形成了参差不起的分界面。此区的范围虽然很窄,但由于在化学成分上和组织性能上都有较大的不均匀性,所以对焊接接头的强度、韧性都有很大的影响。

3. 焊接热影响区

(1)焊接热影响区的组织和性能特点

中、高碳钢以及低、中碳调质钢等属于易淬火钢。易淬火钢的焊接热影响区由完全淬火区和不完全淬火区组成,完全淬火区的加热温度处于 Ac3 以上的区域,固相线到 1 100℃之间生成粗大马氏体,1 100℃到 Ac3 生成细小马氏体。不完全淬火区的加热温度在 Ac3 - Ac1 之间,冷却后,原组织奥氏体转变为马氏体,原铁素体保持不变,晶粒较大部分淬火区组织为细小的马氏体和粗大的铁素体,性能不均匀,塑性和韧性下降。

(2)改善焊接热影响区性能的途径

1)焊前预热:预热的主要作用是降低焊后冷却速度。对于易淬火钢,预热可以减小热影响区淬硬程度,防止产生焊接裂纹。预热还可以减小焊接热影响区的温度差别,在较宽范围内得到比较均匀的温度分布,有助于减小因温度差别而造成的焊接应力。

2)焊后热处理:焊后热处理可以消除焊接残余应力,软化淬硬部位,改善焊缝和热影响区组织和性能,提高接头的塑性和韧性,稳定结构的尺寸。

3)控制焊接热输入:焊接热输入越大,高温停留时间越长,焊接热影响区越宽,过热现象越严重,晶粒也越粗大,因而塑性和韧性严重下降;焊接热输入过小,则焊后冷却速度增大,易产生硬脆的马氏体组织,导致塑性和韧性严重下降,甚至产生冷裂纹。

4.1.3 焊接残余变形、残余应力和接头力学行为

1. 焊接残余变形

焊接时的温度变化范围大,焊缝上最高温度可达到材料的沸点,离开热源后急剧下降至室温,在焊接过程中由于热压缩变形和相变产生发生体积不均匀变化,进而引起残余应力和残余变形。

焊接残余变形可分为纵向收缩变形、横向收缩变形、挠曲变形、角变形、波浪变形、错边变形和螺旋形变形。焊接变形是焊接结构生产中经常出现的问题,焊接变形不但影响结构的尺寸的准确和外形美观,而且有可能降低结构的承载能力,引起事故。

焊接残余变形可以从设计和工艺两个方面来解决。在设计方面要合理地选择焊缝的尺寸和形式,在保证结构的承载能力的条件下,应尽量采用较小的焊缝尺寸;尽可能减小不必要的焊缝;合理的安排焊接位置使焊缝尽可能对称于截面中性轴,或者使焊缝接近中性轴。在工艺方面可以采用反变形法,事先估计好结构变形的大小和方向,然后在装配时给予一个相反方向的变形与焊接变形相抵消,使焊后构件保持设计的要求;刚性固定法;合理地选择焊接方法和规范选用线能量较低的焊接方法,可以有效的防止焊接变形;选择合理的装配焊接顺序。

焊接残余变形可以通过机械矫正法和火焰加热矫正法校形。

2. 焊接残余应力

在薄壁焊接结构中,残余应力基本上是双轴的,主要是焊缝方向的纵向应力和垂直于焊缝方向的横向应力。焊接残余应力对材料的静载强度、疲劳强度、机械加工精度和受压杆件的稳

定性和构件的刚度等都会产生不利影响。

在焊接过程中,可以通过采用合理的焊接顺序和方向;在焊接封闭焊缝或其他刚性较大、自由度较小的焊缝时,可以采用反变形法来增加焊缝的自由度;锤击或辗压焊缝、在结构适当部位加热使之伸长等措施调节内应力。焊后可以通过整体高温回火、局部高温回火处理、机械拉伸法、温差拉伸法和振动法来消除残余应力。

3. 焊接接头力学行为

(1)焊缝金属强度和母材强度的匹配

焊缝金属强度比母材高的称为高组配,比母材低的称为低组配。当焊缝金属强度比母材高时,焊接接头的断裂多发生在母材上;当采用比母材强度低的焊接材料焊接时,断裂多发生在焊缝金属上,但接头强度并不等于焊缝金属本身的强度,称作低强焊缝金属接头,简称为软层接头。当把低强焊缝金属接头的焊缝宽度减少到一定程度,它的强度即随宽度的降低而提高,逐步接近母材的强度,形成一个超过焊缝金属强度很多的接头。这是因为低强焊缝的塑性变形受到高强母材的拘束,使焊缝金属处于三向受拉状态而强化的结果。当接头受拉伸,低强焊缝进入塑性状态,高强母材仍处于弹性状态时,母材对焊缝的塑性变形是具有拘束作用的,其拘束能力的大小,是随相对厚度而变化的。当相对厚度减小,径向应力就增大,焊缝塑性变形就更加困难,从而接头强度上升。

(2)焊接接头的工作应力分布

焊接接头工作应力的分布是不均匀的,其最大应力值比平均应力值高,这种情况称之为应力集中。应力集中的大小,常以应力集中因数 K_t 表示,K_t＝最大应力值/平均应力值。

对接接头焊缝通常略高于母材板面,高出部分称之为加厚高。由于它造成了构件表面不平滑,在焊缝与母材的过渡处引起应力集中,焊缝的加厚高与母材的过渡处和焊缝背面与母材的过渡处,应力集中因数约为1.5。对接接头外形的变化和其他接头相比是不大的,所以它的应力集中较小,而且易于降低和消除。因此,对接接头是最好的接头形式,不但静载可靠,而且疲劳强度也高。

采用不开坡口丁字接头时,由于整个厚度没有焊透,所以焊缝根部应力集中很大。在焊趾截面上应力分布也是不均匀的,焊趾处的应力集中最大,焊根处的应力集中因数大约为3。采用开坡口并焊透的丁字接头,应力集中大大降低,大约为0.9,可见焊透是降低丁字接头应力集中的重要措施之一。因此,对重要的丁字接头,必须开坡口或采用深熔焊接法进行焊接。

对于十字接头,由于接头焊缝向母材过渡较急剧,接头在外力作用下力线扭曲很大,造成应力分布极不均匀,在角焊缝的根部和过渡处都有很大的应力集中。

4.2 固体火箭发动机常用焊接方法

4.2.1 钨极氩弧焊

1. 钨极氩弧焊的原理和特点

钨极氩弧焊是以钨材料或钨合金材料做电极,在惰性气体保护下进行的焊接,又称为

TIG 焊或 GTA 焊接。TIG 焊的优点是保护气对电弧及熔池的可靠保护完全排除了氧、氮、氢等气体对焊接金属的侵害;钨电极与母材间产生的电弧在惰性气氛中极为稳定,焊缝平滑美观。TIG 焊的缺点是由于钨电极承载能力有限,电弧功率受到制约,致使焊缝熔深浅,焊接速度低,焊接效率低于其他方法;氩气、氦气等惰性气体的价格也偏高。钨极氩弧焊多数使用在厚度 6 mm 以下焊件的焊接上,对于厚度更大的工件,在开坡口的情况下采用 TIG 焊封底(打底)同样可以提高焊缝背面成形质量,因此也有广泛的应用。

2. 钨极氩弧焊焊接工艺

钨极氩弧焊焊接参数有:焊接电流、电弧电压、焊接速度、保护气体流量、钨极伸出长度、送丝速度等,此外,工件的错边量、间隙和焊前清理也对焊缝质量有较大影响。

(1)焊接电流

焊接电流是决定焊接熔深的最主要参数,要按照焊件材料、厚度、接头型式、焊接位置等因素来选定。TIG 焊开始和结束时对焊接电流通常都采取缓升和缓降,焊接结束时,焊接电流按设定的时间速率下降,最后熄弧。

(2)电弧电压

电弧电压主要影响焊缝宽度,它由电弧长度决定。TIG 焊电弧长度根据电流值的大小通常选择在 1.2～5 mm 之间,需要添加焊丝时,要选择较长的电弧长度。

(3)焊接速度

当焊接电流确定后,焊接速度决定单位长度焊缝的热输入。提高焊接速度,则减小热输入,熔深和熔宽均减小;反之,则增大。如果要保持一定的焊缝成形系数,焊接电流和焊接速度应同时提高或减小。在进行高速自动 TIG 焊时,必须均衡确定焊接电流和焊接速度。如果采用高频脉冲电流进行钨极氩弧焊,则可以提高对高速焊的适应性。

(4)焊丝直径和填丝速度

焊丝直径与焊接板厚及接头间隙有关。当板厚及接头间隙大时,焊丝直径应选大一些。焊丝直径选择不当可能造成焊缝成形不好、焊缝余高过高或未焊透等缺陷。焊丝的送丝速度则与焊丝的直径、焊接电流、焊接速度和接头间隙等因素有关。一般焊丝直径大时送丝速度慢,焊接电流、焊接速度和接头间隙大时,送丝速度快。

(5)保护气体流量

TIG 焊决定保护效果的主要因素有保护气流量、喷嘴尺寸、喷嘴与母材的距离、外来风等。对于一定孔径的喷嘴,流量过小,气流挺度太差,排除周围空气的能力弱,保护效果不好。但流量过大,则可能会形成紊流,导致空气卷入。每一口径的喷嘴都有一个合适的保护气流量范围,通常钨极氩弧焊喷嘴内径在 5～20 mm 之间,气体流量在 5～25 L/min 之间。

3. 钨极氩弧焊设备及应用

自动氩弧焊设备主要包括焊接电源、引弧和稳弧系统、控制系统、供气系统、水冷系统以及过渡夹持工装。为了避免钨极对焊缝的污染,TIG 焊时宜采用高频高压式和高压脉冲式引弧和稳弧装置进行非接触式引弧。

控制系统包括两部分,一部分是为了保证焊接电源实现 TIG 焊所要求的垂直外特性、电流调节特性等而设置的;另一部分是为了协调气体与电源之间的先后顺序而设置的程序控制系统。

焊枪的作用是夹持钨极、传导焊接电流和输送并喷出保护气体。喷嘴的形状尺寸对气流的保护性能影响很大。当喷嘴出口处获得较厚的层流层时,保护效果良好,因此,有时在气流通道中加设多层铜丝网或多孔隔板以限制气体横向运动,以利于形成层流。

供气系统由气源、气体减压阀、气体流量计、电磁气阀和软管等组成。水冷系统主要用来冷却焊接电缆、焊枪和钨棒。当焊接电流小于150A时不需要水冷;当焊接电流大于150A时需要使用水冷式焊枪。

TIG焊焊接过程涉及送气、引弧、电源输出、焊丝送进以及焊车行走等。为了获得优质焊缝,必须有序的进行焊接。对TIG焊程序控制系统的要求如下:

1)起弧前,必须有焊枪向焊点提前1.5～4 s送气,以排除气管内和焊接区的空气。灭弧后应滞后5～15 s停气,以保护尚未冷却的钨极和熔池。焊枪须在停气后才离开终焊处,以保证焊缝末端的质量。

2)焊接时,在接通焊接电源的同时就起动引弧装置。焊接开始时,电流从较小的引弧电流逐渐上升到焊接电流。焊接即将结束时,焊接电流应能自动地衰减,直至电弧熄灭,以消除和防止产生弧坑及弧坑裂纹。

3)焊枪的移动和焊丝的送进应同时协调的进行。用水冷式焊枪时,送水和送气应同步进行。焊接封头等椭圆形回转体工件时,一般将工件夹持在变位器上,使焊接处于平焊位置。焊接圆筒形工件时,一般采用三爪卡盘或过渡夹具(见图4-2)将工件的一段固定在机器转盘上,另一端用托架支撑。

图4-2 过渡夹具及托架

4. 低频脉冲焊

脉冲电弧焊是指利用变动电流进行焊接。参数有:脉冲电流峰值I_p,脉冲电流基值I_b,峰值电流时间t_p,基值电流时间t_b,脉冲电流频率f以及脉冲周期T。钨极氩弧焊一般采用0.5～10 Hz的低频频率进行焊接。

低频脉冲由于电流变化频率很低,可以观察到电弧的低频闪烁的现象,峰值时间内电弧燃烧强烈,弧柱扩展;基值时间内电弧暗淡,产热量降低。每一个脉冲电流到来时,焊件上就形成一个近于圆形的熔池,在脉冲持续时间内迅速扩大;当脉冲电流过后进入基值电流期间时,熔池迅速收缩凝固。在焊件上形成一个一个熔池凝固后相互搭接所构成的焊缝。控制脉冲频率和焊接速度及其他焊接参数,可以保证获得致密性良好、搭接量合适的焊缝。

低频脉冲焊的工艺特点如下:

1)电弧线能量低:对于同等厚度的工件,可以采用较小的平均电流进行焊接,获得较低的电弧线能量,因此利用低频脉冲焊可以焊接薄板或超薄件。

2)便于精确控制焊缝成形:通过脉冲规范参数的调节,可精确控制电弧能量及其分布,降低焊件热积累的影响,易于获得均匀的熔深和焊缝根部均匀熔透,可以用于中厚板开坡口多层焊的第一道封底。能够控制熔池尺寸使熔化金属在任何位置均不至于因重力而流淌,很好地实现全位置焊和单面焊双面成形。

3)宜于难焊金属的焊接:脉冲电流产生更高的电弧温度和电弧力,使难熔金属迅速形成熔池。过程中由于存在电流基值时间,熔池金属凝固速度快,高温停留时间短,且脉冲电流对熔池有强烈的搅拌作用,所以焊缝金属组织致密,树枝状结晶不明显,可减少热敏感材料焊接裂纹的产生。

脉冲电流的各项参数在焊接中起不同的作用。基值电流 I_b 的选取以保证维持电弧稳定燃烧即可,决定电弧能量和电弧力的参数是峰值电流 I_p、峰值时间 t_p 和脉冲频率 f。根据被焊件厚度、材料以及设定的接头形式、焊接速度等,采取配合调整的办法选取上述参数。

5. A-TIG 焊接

A-TIG 是在待焊区表面涂上一层活化剂(一般由金属的卤化物或氧化物组成),然后再进行 TIG 焊。它可以在保留 TIG 焊优良质量的同时,能使焊缝焊透量提高到 TIG 焊的 2~3 倍。

A-TIG 使焊缝熔深增加的机理主要有:①活性剂使电弧自动收缩,电弧电压增加,热量集中,用于熔化母材的热量也增多,从而使焊接熔深增加。②活性剂使熔池上的电弧阳极斑点出现明显的收缩,同时产生较大的熔深。③活性剂中的活性元素,使熔池金属表面张力从负的温度系数转变为正的温度系数,熔池表面形成从外围周边区域向熔池中心区域的表面张力流,熔池中心处形成向深度方向的质点流动,使电极正下方温度较高的液态金属直接流动到熔池底部,对深度上的熔化效果增加,从而使焊接熔深增加。

6. 热丝 TIG 焊接

热丝 TIG 焊是在普通 TIG 焊的基础上对焊丝进行预热,以提高热输入量,增加熔化速度,从而提高焊接速度。热丝 TIG 焊使焊丝熔化速度增加 20~50 g/min。在相同情况下焊接速度可提高 1 倍以上,达到 100~300 mm/min。与 TIG 焊相比,热丝 TIG 焊明显地提高了熔敷率、焊接速度,适合于焊接中等厚度的焊接结构,同时又有 TIG 焊高质量焊缝的特点。

4.2.2 真空电子束焊

真空电子束焊(EBW)是以真空中聚焦的高能密度(可达 $10^5 \sim 10^7$ W/cm^2)电子束作为能量载体,对材料和构件实现焊接的特种加工方法。可焊接 W、Mo、Ta、Nb 等难熔金属,可实现高速焊和深穿透焊接,焊接变形小,焊缝性能较好。在航天工业具有广泛的应用。

1. 真空电子束焊的类型

1)按被焊工件所处环境的真空度分:高真空电子束焊接,压强 $10^{-4} \sim 10^{-1}$ Pa;低真空电子束焊接,压强 $10^{-1} \sim 10$ Pa;非真空电子束焊接,大气环境。

2)按电子枪加速电压分:高压电子束焊接,120 kV 以上;中压电子束焊接,40~100 kV 之间;低压电子束焊接,40 kV 以下。

3)按电子束对材料的加热机制分:热传导焊接,工件表面的功率密度小于 10^5 W/cm^2 时,电子束能量在工件表面转化的热能是通过热传导使工件熔化的,熔化金属不产生显著的蒸发;

深熔焊接,工件表面功率大于 10^5 W/cm^2,金属被熔化并伴随有强烈的蒸发,会形成熔池小孔,电子束流穿入小孔内部并与金属直接作用,焊缝深宽比大。

2. 真空电子束焊小孔形成的机理

当真空电子束功率密度增加到一定值使熔池金属温度达到 1 900 ℃时,熔化钢材蒸发而产生的饱和蒸汽压力约 300 Pa,在蒸汽压力、蒸汽反作用力等的作用下会形成充满蒸汽的小孔。随着功率密度的进一步增加,熔化金属的温度也继续升高,蒸汽压力也随之增大,最终导致产生了针状的、充满金属蒸汽的并被熔融金属包围的小孔。这时,束流亦通过小孔穿入工件内部。假如功率密度达到某一极限值时,蒸汽压力和蒸发速率都变得很大,所有熔化金属几乎全部地被蒸汽流冲出腔外。

小孔维持的过程实际是受力平衡的过程。小孔受力有两类:一类倾向形成和维持小孔的力;另一类倾向封闭小孔的力,主要有束流压力、蒸汽压力、蒸汽反作用压力、液体金属静压力和表面张力附加压力。

3. 电子束焊接参数的选择

1)加速电压:提高加速电压可以增加焊缝熔深,这是由于提高加速电压不仅使电子束功率增加,而且还改善了电子束流的聚焦性。

2)电子束流:电子束流增加,束流功率增加,热输入增加,在一定范围内也会使作用在工件上的功率密度增加,熔深增加。但束流增加时,导致空间电荷效应和热扰动的加剧,又会影响聚焦性,使焦点的功率密度增加较缓。

3)焊接速度:焊接速度增加,热输入降低,熔深变浅。

4)聚焦电流及焦点位置:改变聚焦电流就可改变磁透镜的焦距,进而改变焦点位置,从而实现上聚焦、下聚焦或表面聚焦。聚焦电流还影响电子束流活性区的长度。当焊件厚度大于 10 mm 时,常采用下聚焦,焦点在焊缝熔深的 30% 处为宜;当焊接件厚度大于 50 mm 时,焦点在焊缝熔深的 50%～70% 为宜。

5)工作距离:工作距离是指磁透镜中心到工件的距离。工作距离变化的同时,为了获得最佳的聚焦条件,亦应调节磁透镜的聚焦电流。工作距离变大时,聚焦电流要减小,在其他参数不变的前提下,这时的电子功率密度减小,焊缝熔深也减小;反之,工作距离减小时,熔深相应增大。但工作距离太小时,会使过多的金属蒸气进入枪体而导致放电,所以应在不影响电子枪稳定工作的前提下减小工作距离。

4. 电子束焊接的操作工艺

1)工件的准备和装夹:待焊工件的接缝区应精确加工、清洗和固定。工件清洗后,不得用手或不干净的工具接触接头区。装配间隙一般不应大于 0.13 mm,板厚大于 15 mm 时,间隙可放宽到 0.25 mm;接头附近的夹具和工作台的零部件最好用非磁性材料制造。电子束焊接允许的剩磁感应强度为 $(0.5～4)×10^{-1}$ mT,超过时应进行退磁处理。

2)焊前预热:需预热的工件一般在装入真空室前进行。对于较小的工件、且局部加热引起的变形不影响工件质量时,可在真空室内用散焦的电子束进行预热。

3)薄板(0.03～2.5 mm)的焊接:为防止过热,应采用夹具。

4)厚板的焊接:当板厚大于 60 mm 时,如有可能,应将电子枪水平放置进行横焊,以利于焊缝成形。

5)定位焊:可采用焊接束流或弱束流先定位,再用焊接束流完成焊接。

6)电子束扫描和偏转:常用的扫描图形有正弦波、圆形、矩形和锯齿形等,扫描频率一般为 $100 \sim 1\,000$ Hz,电子束偏转角度为 $2° \sim 7°$。采用电子束扫描可加宽焊缝,降低熔池冷却速度,降低对接头准备的要求以及消除熔透不均等缺陷。电子束扫描还可用来检测焊缝位置和进行焊缝跟踪。

4.3　固体火箭发动机典型构件的焊接

4.3.1　圆筒纵缝和环缝自动焊接

固体火箭发动机金属壳体一种典型的制造工艺是卷焊成型,这种工艺先将板材卷焊成筒体,再由筒体与前封头体、后封头体组焊成壳体,适合于 $\phi350 \sim \phi2\,000$ 直径金属壳体成型。

某型号壳体的结构如图 4-3 所示,壳体筒段采用纵缝和环缝自动焊接。焊接工艺主要包含坡口制备、焊前清理和装配、焊接工艺参数及焊后热处理。

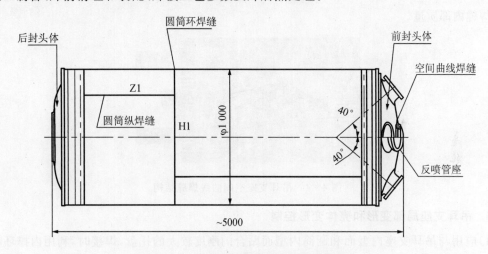

图 4-3　固体火箭发动机典型焊接结构

1)坡口形式及制备:厚度小于 1.5 mm 的焊缝,可以选择"I"字形坡口。厚度大于 1.5 mm 的焊缝,通常选择"V"字形坡口,钝边 1,坡口角度 $35° \sim 40°$。一般采用机械加工(车、铣、刨)加工坡口。

2)焊前清理:将坡口内外两侧表面 $50 \sim 100$ mm 范围内清理干净。焊前清理方法分为机械清理和化学清理两种。机械清理一般包括吹砂(除锈)、砂轮打磨、钢丝轮(或砂纸)抛光,刮刀清理等,化学清理主要目的是除去待焊表面油污氧化物等,可用汽油、酒精等清洗以及酸洗或碱洗等。

3)装配要求:工艺上严格控制装配间隙、错边,一般要求间隙不大于 0.5,错边量小于壁厚的 10%。

4)焊接工艺参数选择:$\delta=4$ mm 的 30CrMnSiA 作为壳体母材时,焊接工艺参数见表 4-1。

参数表中给出的参数均为范围值,实际施焊中,根据工件装配情况、板材质量情况选择适当的参数。

表 4-1 自动焊工艺参数

焊丝	电弧电压/V	焊接电流/A	焊接速度 $\mathrm{m \cdot h^{-1}}$	送丝速度 $\mathrm{m \cdot h^{-1}}$	气体流量 $\mathrm{L \cdot min^{-1}}$	层数
H18CrMoA	8~12	140~170	7~10	12~22	10~18	4

5)热处理:焊前预热和焊后后热是降低冷却速度,去氢和降低淬硬倾向,防止和降低冷裂纹形成的有效途径。工序间退火是消除焊接应力和防止裂纹形成的重要手段。焊前预热(100~150℃)和焊后后热(一般 200~250℃)工序。

4.3.2 空间曲线焊缝的焊接

某型号吊耳支座与开孔壳体焊缝(见图 4-4)是厚壁空间复杂曲线(圆球体与圆柱体相贯线)焊缝,吊耳支座位于圆筒加厚带部位,焊缝对接处厚度为 6 mm,吊耳支座直径为 $\phi 320$ mm,材料为 31Si2MnCrMoVE(D406A)超高强度钢。吊耳支座与开孔壳体焊接主要在于控制焊接变形和提高焊缝内部质量。

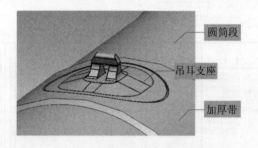

图 4-4 吊耳支座空间曲线焊缝结构

1. 吊耳支座局部变形和壳体变形控制

1)应用与吊耳支座内型面和圆筒内型面贴合的刚度较大的托盘,焊接时,利用内撑环将托盘与吊耳支座和圆筒贴实,阻碍吊耳支座和圆筒段两侧焊接热影响区母材的热压缩塑性变形,减小吊耳支座焊缝残余变形,进而从源头上控制壳体变形。

2)采用内撑环将吊耳支座所处的加厚带撑圆,进一步增强圆筒加厚带刚性,一方面抑制与吊耳支座焊接处圆筒的焊接残余变形,另一方面保证利用内撑具的刚性约束保证圆筒加厚带处的形状精度。焊接时,采用外顶具校圆加厚带两侧薄壁圆筒,在焊接过程中利用外顶具对圆筒施加拘束应力,使圆筒段通过弹塑性变形保持圆度、直线度等形状精度。

3)焊接后,携带薄壁圆筒段两侧的工装进行热处理,使弹性残余应力转变为塑性变形,固化壳体形状尺寸,保证壳体形状精度。

2. 焊缝缺陷控制

1)采用小电流、多道次焊接,降低焊接热输入,改善焊缝和热影响区组织。

2)合理匹配电流,电压、焊接速度等参数,使焊接熔池呈凹面铺展形态,防止产生气孔、裂纹等焊缝内部缺陷。

3)控制吊耳支座装配间隙 0～1 mm,焊缝背面采用氩气保护,改善焊缝背面热传导和熔池表面张力,防止焊缝氧化,保证焊缝背面焊透。

4.3.3　外部件焊接

某型号壳体材料为 31Si2MnCrMoVE 超高强度钢(调质态强度为 1 600 MPa),壁厚 δ 为 7 mm,长度约为 4 000 mm;电缆座尺寸约 20 mm×20 mm×50 mm,在壳体外表面需焊接 100 余个电缆座。外部件与壳体通过角焊缝连接(见图 4-5),焊接方法为钨极氩弧焊(TIG)焊。

图 4-5　电缆座焊缝示意图

(1)工艺流程

划线→清理→装配→定位焊→后热→检验→预热→焊接→后热→检验。

(2)划线及清理

1)用划针将壳体前、后裙上象限线及左、右电缆座装配位置线引至壳体表面,每间隔 200 mm 划 200 mm 长线,要求遍布壳体全长,划线深度不大于 0.05 mm。

2)用记号笔在壳体上划电缆座轴向装配位置参考线。

3)用 100♯ 弹性磨盘清理待焊处壳体表面至露出金属光泽,清理区域应超出电缆座及电缆座两侧焊缝区域 30 mm。

4)定位焊及焊接用焊丝为 ER50-6,焊前将 ER50-6 焊丝表面镀铜层打磨干净,防止铜元素进入焊缝金属中形成裂纹。

5)用汽油将左、右电缆座表面油污清洗干净,后用脱脂棉擦干清洗液。

(3)装配及定位

1)装配电缆座前先将 M8 测量螺钉拧入电缆座卧式孔,保证测量螺钉端面与电缆座卧式孔端面紧密接触。

2)装配前应将壳体旋转,将所需装配电缆座的象限置于水平位置。

3)依次装配左、右电缆座,每个电缆座装配后应立即进行自互检,确认尺寸无误后,再装配后续电缆座。

4)装配时,在电缆座靠近前裙侧先定位,待自互检确认电缆座位置合格后,再在电缆座另一侧定位,每条焊缝定位一点,定位焊点位于焊缝中间位置,定位焊工艺参数见表 4-2。

5)定位焊后,立即对电缆座定位焊处进行后热,后热温度 200～250℃。

表 4-2　电缆座定位焊工艺参数

焊接位置	焊接电流/A	焊接电压/V	焊丝直径/mm	钨极直径/mm	气体流量 $L \cdot min^{-1}$
平焊	70～100	9～13	$\phi1.6$	$\phi3.2$	10～16

(4)焊接操作要求

1)电缆座焊接前,应预热待焊处,预热温度 100～150℃;焊接后,应立即对电缆座进行后热处理,后热温度 200～250℃。

2)电缆座焊接工艺参数见表 4-3,要求焊缝圆滑过渡、表观无突变截面形状,长度不超出电缆座边缘 1.5 mm。

3)交错焊接电缆块,每焊接三组电缆块后,隔三组焊接后续电缆块。

表 4-3　电缆座焊接工艺参数

焊接位置	焊接电流/A	焊接电压/V	焊丝直径/mm	钨极直径/mm	气体流量 $L \cdot min^{-1}$
平焊	70～110	9～13	$\phi1.6$	$\phi3.2$	10～16

4.3.4　铝合金喷管的真空电子束焊接

2219 铝合金喷管(扩张段壳体),焊缝对接处厚度 14 mm,电子束焊作为一种高能束焊接热源,具有能量密度高,热输入少,焊缝热影响区窄的特点,是焊接此类铝合金结构的理想焊接方法。

1. 焊前清理和装配

焊前必须严格清理产品焊接区的油污和氧化膜。清理方式为:化学清洗＋机械清理。化学清洗方式见表 4-4,化学清洗后 24 h 内进行焊接。焊前用刮刀对焊接区的氧化膜进行刮削清除,刮削区域包括焊接端面和端面两侧 20 mm 范围(正、背两面),刮削厚度:0.15～0.2 mm。机械清理完毕后,应立即装配产品。置入真空室内抽真空保护。

表 4-4　化学清洗过程

碱洗			冲洗	光化处理			冲洗	干燥
浓度	温度	时间		浓度	温度	时间		
8％NaOH	50～60 ℃	5min	净水	30％HNO₃	家温	1 min	净水	净水

产品装配时装配间隙不大于 0.1 mm,对接错边量不大于 0.3 mm,焊接端面跳动量不大于 0.1 mm(便于电子束流对正焊缝中心)。

2. 焊接工艺参数的选择

焊接工艺的主要参数有:焊接速度,工作距离,焦点位置,焊接电流,扫描方式及偏移电流。

1)焊接速度:电子束焊能量密度高,可实现高速焊,这对焊接变形和裂纹的控制是有利的,但不利于熔池中气泡的逸出。产品的焊缝为环形,应重点控制收弧区(气孔多发区)的焊速,这里的焊速应低于焊接区的焊速,对于气泡的逸出是有利的。

2)工作距离:工作距离即电子枪的焦距,因产品材料中含有低沸点元素,焊接时易挥发和电离,为防止金属蒸气或离子进入电子枪中,工作距离应选择大一些。但工作距离过大,会降低电子束流的能量密度,所以对于该产品选择在 200 mm 左右。

3)焦点位置:焦点位置对于焊缝的成形深宽比影响很大,对壁厚较厚的铝合金,焦点位置应处于焊缝前壁厚的 1/3 处最佳,焦点位置是通过调整电子枪的聚焦电流控制的。

4)焊接电流:在其他参数选定的条件下,焊接电流应保证工件熔透。

5)扫描方式和偏移电流:保证产品焊透,同时控制热输入,应选择能量密度高的直线型扫描方式,振幅方向垂直于焊接方向。偏移电流调整振幅大小,控制焊缝的成形,这里要求窄而深的焊缝,偏移电流应取小规范。

3. 焊后热处理

焊后通过退火消除焊接残余应力。固溶＋人工时效提高焊缝力学性能。

4.3.5　焊缝补焊

1. D406A 超高强度钢的 TIG 补焊工艺技术

(1)缺陷排除方法

1)缺陷沿焊缝宽度弥散分布时,缺陷排除在宽度方向上分两次排除;缺陷某一段连续较长时应分段排故,每段应在 50 mm 以内,间隔也应在 50 mm 以上;每次排故时根据缺陷的性质来进行正面排除或背面排除,最大程度的减小缺陷排除深度,杜绝排穿焊缝。

2)在焊缝出现链状气孔而且位于焊缝中间时,则缺陷在焊缝根部的可能性较大,应采取背面排除缺陷;当气孔弥散分布并且靠近熔合线两侧分布时则可能是焊缝正面的缺陷,应采取正面排除缺陷。

3)在薄板焊缝出现链状气孔而有较短的未焊透细线时,可不用排故,采用磁力探伤证实是根部缺陷时,在焊缝根部进行空熔焊,熔深大约 1～1.5 mm,缺陷就能排除掉。此方法最大好处是减小焊接变形。

4)夹渣缺陷多是在靠近焊缝的根部产生,在正面排故时不要排穿焊缝,保留 1～2 mm 厚度,此时在正面补焊结束后反面必须进行清根焊。

5)在排除缺陷将要排穿前缺陷还没有完全排掉时,只要能确定缺陷位置在打磨坑的正中位置,如气孔或裂纹时,在补焊时缺陷就能熔掉,或背面熔化较少或没有熔化时,对背面稍进行清根焊缺陷就能熔掉。

(2)补焊工艺

1)焊前清理。补焊前用钢丝轮清理对焊缝排故处进行清理直至露出金属光泽,用酒精或丙酮擦拭补焊处;严格清理焊丝表面的油污,用砂布去除焊丝表面氧化物及锈斑,避免焊接气孔的产生。

2)焊前预热。对补焊处采用火焰局部加热预热至 150～200℃(薄壁件应稍低,厚件温度稍高),预热后不宜立即进行施焊,让工件预热处温度趋于均匀后再进行焊接,避免温度应力的影响。

3)操作技巧。①排除缺陷较深较窄时,钨极伸出应达到根部,避免因两侧材料熔化而根部能量不足产生未熔合或夹渣缺陷。钨极伸出较长在收弧时,有时会产生表面气孔。②缺陷排除较深时,采用爬坡焊可增加单道焊厚度,减少焊接层数。③焊接末端离开焊道时焊接速度应稍减慢,焊丝稍多加,焊接收弧时衰减时间应稍长,边衰减边焊接至收弧。④缺陷排除较深时,为防止烧穿可采用垫板法或气体保护法以减少气孔及其他缺陷的产生。⑤补焊时严格控制焊接层间温度,如发现易咬边或焊后焊缝呈灰色时,则此时焊接层间温度已较高,层间温度应控制在 150℃左右;焊缝呈蓝色时,可能是焊缝层间温度偏底或是焊接速度过快线能量输入较小,此时也会产生淬硬组织造成收弧裂纹或焊根裂纹;焊缝呈金黄色或白色时则说明层间温度控制较好。

(3)焊后热处理

补焊结束后要立即进行焊后后热,采用火焰对补焊处进行局部加热并保温一定时间,避免焊接冷裂纹的产生。

2. A－TIG 焊接技术在壳体焊缝链状气孔修补中的应用

主要针对某产品壳体常用金属材料在焊接过程中产生的焊缝链状气孔缺陷,利用 A－TIG 焊接熔深大且不需开坡口的焊接特点,在合适的焊接工艺参数下采用 A－TIG 补焊技术,能够有效地消除焊接气孔尤其是对于密集型链状气孔的消除具有很好的效果,缺陷基本完全消除,且焊缝变形小,焊接效率高。补焊步骤如下:

1)对照 X 射线底片,确定气孔缺陷存在的位置,做好标记。

2)对于 TIG 多层焊形成的气孔,由于焊缝较宽,采用 A－TIG 补焊时需采用摆动的电弧,并配合较慢的焊接速度和较快的摆弧频率;对于 TIG 多层焊形成的密集性气孔,由于焊缝较宽,可采用电弧偏离中心 2mm,分两道对焊缝进行补焊,可达到完全消除缺陷的目的。

3)采用 A－TIG 技术补焊气孔缺陷时,补焊时的焊接速度尽量低于原焊缝的焊接速度,使气孔有充分的时间逸出。

4.4 固体火箭发动机焊接技术展望

4.4.1 激光焊接

激光焊本质上是激光与非透明物质相互作用的过程。这个过程极其复杂,微观上是一个量子过程,宏观上则表现为反射、吸收、熔化、汽化等现象。激光焊接可分为脉冲激光焊和连续激光焊。根据激光对材料的加热机制和实际作用在焊件上的功率密度,激光焊接可分为热传导激光焊和深熔激光焊。热传导焊接时,热量首先在焊件表面聚积,然后经热传导到达工件内部,而深熔焊时,能量转换通过熔池小孔完成,小孔周围是熔融的液体金属,由于壁聚焦效应,这个充满蒸汽的小孔如同"黑体",几乎全部吸收入射的激光能量,能量是通过激光与物质的直接作用而形成的。

激光焊由于能量密度高,熔深大,具有焊缝深宽比大,焊接热影响区小,焊缝力学性能好,焊接变形小的优点。广泛应用于航天飞机的机身、卫星星箭连接带及卫星蒙皮、飞航导弹的舱体和空气舵等航天工程中。但激光焊对焊接装配精度要求高、大功率焊接稳定性和热效率低等缺点。

近年来,针对激光焊的上述缺点,各大科研机构对在激光焊基础上开发的激光-电弧复合焊进行了大量的研究。激光-电弧复合焊具有对焊接装配精度容忍度高、能量密度高、焊接热输入小、焊缝成形良好、焊接效率高等特点，

在固体火箭发动机薄壁壳体焊接时，由于装配精度可通过工装保证，可采用单激光焊接，焊缝质量和效率会得到幅度提高。在大型厚壁壳体和空间曲线焊缝焊接时，宜采用激光-电弧复合焊接，目前，国内在这方面已开展了针对性的试验研究，初步实现了激光-电弧复合焊接在固体火箭发动机金属壳体制造中的应用。

4.4.2　3D 打印

3D 打印技术是一种生长型制造方法，它先将零件模型沿高度方向划分为一系列薄片，再利用 2D 制造工艺依次制作这些薄片，并逐层叠加获得最终的 3D 实物。具有高柔性化、短周期，设计制造一体化，高度自动化，绿色近净成形制造技术，整体制造复杂零件，性能超过铸件、等于或优于锻件的优势。适合加工铁基、铝基、钛基、镍基等材料。

3D 打印技术目前分为同轴送粉的激光熔化沉积技术(LMD)和激光选区熔化成形技术(LSM)。LMD 是激光束熔化同轴送入的合金粉末，机床按照零件 CAD 图像切片数据运动，经过逐层熔化堆积实现金属构件的增材制造。基本特点是：动态连续同轴送粉、机械运动、光斑直径大、功率大、成形效率高，适合形状相对复杂的金属构件近净成形，需后续加工完成零件的最终成形。LSM 是基于粉末床预置铺粉，采用聚焦激光束对合金粉末层逐层分区扫描，叠加成形的数字化无模具增材制造工艺。基本特点是预置铺粉、振镜扫描、光斑直径小、功率密度高、扫描速度快、成形精度高，适合复杂精密构件的整体制造。LSM 可实现构件"功能优先"设计，性能超过铸件，等于或优于锻件。

在固体火箭发动机领域，马氏体时效钢和钛合金等较贵重金属的异形零件，采用传统的锻件机加工时，材料利用率低，加工困难，生产成本高，生产周期长，这些零件比较适合采用 3D 打印精净成形制造，可以大幅度的节约成本，提高生产效率。

4.4.3　机器人焊接

工业机器人是一种多用途的、可重复编程的自动控制操作机，它具有三个或更多可编程的轴，用于工业自动化领域。弧焊机器人是从事焊接的工业机器人，它突破了传统的焊接刚性自动化，是焊接自动化革命性的进步。

目前弧焊机器人主要有两类，一种是示教再现型机器人，目前在国际上已经实用化和商品化。它是由人操纵机械手做一遍应完成的动作，或通过控制器发出指令，使机械手臂一步一步地做一遍应当完成的动作。当其正式工作时，可以精确地再现示教的每一步操作。一种是有感觉的机器人，它是在示教再现型机器人的基础上加上传感系统，如视觉、触觉、力觉等，对环境变化的适应能力有很大的改善。

示教再现型机器人由机器人部分和焊接设备部分构成。机器人部分由机器手总成、控制器和示教盒组成。机器手总成又称为操作机，是机器人的操作部分，由机器臂直接带动终端的焊枪实现各种运动和操作，通常有 6 个自由度，可以保证焊枪的任意空间轨迹和姿态；控制器是弧焊机器人的核心部件，它利用计算机实施的全部信息处理和对机器人机械手总成的运动

控制;示教盒是人对机器人机械手总成的运动控制;示教盒是人对机器人进行示教的人机交互接口,通过示教盒,人可以操纵机器人进行示教。焊接设备必须由机器人控制器直接控制。由于机器人控制器采用数字控制,而焊接电源多为模拟控制,因此需要在焊接电源与控制器之间加一个接口。还需要配一些周边设备,如焊件夹持装置、旋转工作台等。

随着固体火箭发动机结构的复杂化和对焊接质量的严格要求,弧焊机器人在固体火箭发动机空间曲线焊缝和外部件焊接方面应用具有优势。空间曲线焊缝采用柔性智能化焊接机器人系统集成焊接时(见图4-6),焊接顺序、焊接层数、焊接工艺参数等影响焊缝质量稳定性的因素精确受控,避免了采用钨极氩弧焊接吊耳支座与开孔壳体空间曲线焊缝时操作人员的技能水平、关注度等对通过影响焊接工艺参数进而影响焊缝质量。采用柔性智能化焊接机器人操控的激光-电弧复合焊可有效提升大型厚壁空间曲线焊缝焊接质量的一致性、稳定性,提升机载战略导弹关键部件的本质安全度。外部件采用机器人自动装配焊接系统加工时(见图4-7),通过机器人自动识别和自动装配焊接,可实现外部件的精确装配;通过机器人焊接过程工艺参数控制和起收弧处焊接操作控制,可实现焊缝的缺陷控制和成形控制;通过机器人焊接参数的一致性,可设计合理的焊接顺序和焊接工艺,实现小型固体火箭发动机壳体的变形控制。

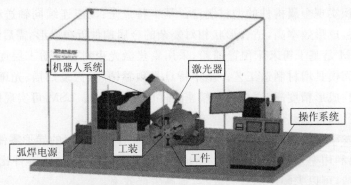

图4-6 空间曲线焊缝机器人焊接系统

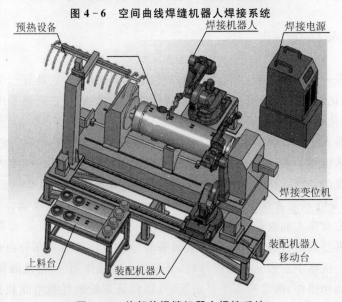

图4-7 外部件焊缝机器人焊接系统

4.4.4 有限元数值模拟

随着新材料、新结构和新焊接工艺的不断发展,有越来越多的焊接应力变形和强度问题需要研究。但是在简单假设基础上建立起来的一些焊接应力变形理论已不能完满解释复杂现象和解决疑难的问题。有限元法和电子计算技术为解决复杂的焊接应力变形问题提供有力的工具。

计算机仿真焊接技术是采用计算机技术和有限元数值分析,对焊接温度场、残余应力、焊缝变形等各方面的参数进行模拟,进而为提高焊接质量提供科学依据。计算机仿真焊接技术主要集中在焊接温度场的数值模拟、焊接金属学和物理过程的模拟、焊接应力与变形的数值模拟、焊接接头的力学行为和性能的数值模拟、焊缝质量评估的数值模拟、具体焊接工艺的数值模拟等几个方面。借助于有限元分析等数值技术来进行焊接温度场、应力应变场及变形行为的预测,不但能最终预测以上的结果,而且能够给出这些问题的演化过程,对于工艺优化具有指导意义。

在固体火箭发动机焊接领域,目前已针对大型固体火箭发动机金属壳体外部件焊接裂纹和焊接变形问题开展了数值模拟研究,得到外部件焊接、退火和调质后残余应力的分布规律,外部件焊接对壳体形状精度的影响。还可将数值模拟应用于固体火箭发动机环焊缝和空间曲线焊缝焊接后的残余应力和残余变形预测,为采用合理的焊接工艺参数和工装提供数据基础。

4.4.5 搅拌摩擦焊

搅拌摩擦焊(Friction Stir Welding,FSW)技术是 1991 年由英国焊接技术研究所(TWI)发明的一项新型固相连接技术。其原理是利用一种带有特殊指针和轴肩的搅拌工具,在动力驱动下旋转着插入被焊材料,搅拌头与被焊材料的物理摩擦使搅拌头附近区域材料的温度升高,并产生热塑化,当搅拌头沿着待焊材料连接界面向前移动时,在搅拌头旋转摩擦以及挤压作用下,被塑化材料在热-力复合作用下进行扩散和再结晶,从而形成致密可靠的固相连接。铝合金搅拌摩擦焊具有焊接温度低,焊接接头强度高;焊缝区残余应力和残余变形小;焊接缺陷少;易实现自动化;绿色无污染等优点。

由于搅拌摩擦焊在铝合金焊接方面的诸多优势,该技术已经在航天、航空、船舶、电子能源等领域得到工业化推广应用。在航天领域,搅拌摩擦焊主要用于运载火箭燃料贮箱等部件焊接。波音公司在空间运载火箭 Delta 系列的助推器芯级贮箱的焊接中应用了搅拌摩擦焊技术,在我国,搅拌摩擦焊技术已被用于多种型号火箭推进剂贮箱的焊接制造中。在航空领域,搅拌摩擦焊接技术已经应用于 A340 和 A350 飞机制造中,以取代传统的铆接技术。对于陆路交通工业,搅拌摩擦焊技术在列车制造领域的应用主要为高速列车、轨道列车、地铁车厢和有轨电车、集装箱、装甲车的防护甲板等。经过 20 多年的发展,搅拌摩擦焊技术与装备均已逐渐成熟,发展阶段正逐渐从基础研究向工业应用转变,应用范围不断扩展。

在固体火箭发动机焊接生产中,搅拌摩擦焊可被用于铝结构扩张段壳体等较重要的发动机铝结构件的焊接,与目前常用的 MIG 焊和真空电子束焊相比,可避免气孔、裂纹等缺陷,显著提高焊接接头的强度,减小产品的焊接变形,焊接过程也更简单、高效、绿色。

静龙门床身

机头

工件

图 4-8　铝合金结构件搅拌摩擦焊示意图

4.4.6　钎焊

钎焊是采用比母材熔点低的钎料,将焊件和钎料加热到高于钎料熔点,低于母材熔点的温度,利用液态钎料润湿母材,填充接头间隙,并与母材相互扩散而实现连接的。钎焊分为软钎焊和硬钎焊。

钎焊具有加热温度较低,母材不熔化,对母材的组织和性能影响较小;加热均匀,可一次完成数量众多、钎缝密集的复杂结构的钎焊生产,生产率高;发生的溶解、扩散过程只在母材表面数微米或数十微米深度范围内进行,有利于实现异种金属的结合,金属与非金属组合的连接等优点。但钎焊又有接头静动载强度较低;母材及钎料在成分及组织上差异较大,可能引起电化学腐蚀;钎焊工艺对零件制备及装配质量要求较高等缺点。

目前钎焊在固体火箭发动机领域的应用较少,将来可用于异形结构件和异种金属的焊接。

4.5　本章小结

本章首先围绕固体火箭发动机金属壳体焊接结构对焊缝力学性能和焊接变形提出的严格要求,从影响焊缝力学性能的焊缝成形、焊缝内部缺陷、焊接接头组织出发,论述了焊缝成形原理及影响因素,裂纹、气孔等内部缺陷产生机理及控制措施,焊接接头组织和性能特点,从控制焊接变形出发,论述了焊接残余应力、残余变形的产生机理及影响因素。然后对固体火箭发动机常用的钨极氩弧焊和真空电子束焊焊接方法的原理、焊接设备、焊接工艺分别进行了详细的讲解。再之后针对固体火箭发动机典型结构件的焊接工艺进行了具体的讲解。最后对激光焊接、3D打印技术、机器人焊接和数值仿真模拟等较先进的焊接技术在固体火箭发动机金属壳体焊接的应用进行了展望。

思 考 题

1. 提高焊缝金属强韧性的途径有哪些？
2. 简述焊接裂纹的种类、特征及其产生的原因。
3. 固体火箭发动机常用焊接材料有哪些，它们分别容易产生什么焊接缺陷，如何控制？

第5章 金属壳体机械加工工艺

固体火箭发动机金属壳体大多采用超高强度结构钢 D406A 和 30CrMnSiA 等金属材料，金属壳体一般由前接头、前封头、前裙、筒体、后接头、后封头、后裙对接组焊（按 0 级或 I 级焊缝）而成，并在金属壳体外焊有电缆支座、支耳等零件。金属壳体筒段一般采用旋压成型或板材卷焊成型，因筒体成型的不同壳体分别简称旋压壳体、卷焊壳体。因为壳体使用的金属材料的不同和结构上的差异，金属壳体在加工艺上有差异；但从金属壳体成型的流程看，一般金属壳体都必须进过强化热处理，然后通过切削精加工成型以保证壳体尺寸精度和形位公差，其加工难度及工艺方法基本相似。

5.1　工　艺　原　则

金属壳体机械加工艺原则有以下几项。

1）部件选配原则：以控制焊接错边量和对接精度为指导思想，主要对筒体、叉形件、接头和裙框等进行选配，协调组焊零部件的直径（或长度）。

2）划线分配调整余量原则，又称余量均匀原则：金属壳体整体机加工前，必须通过划线对总长度、裙间距、接头和裙框最小厚度、电缆座位置等所加工尺寸进行协调，以分配加工余量。

3）建立壳体基准原则：壳体经过焊接、强化热处理后，薄壁筒体产生了变形，车加工时必须要重新找正壳体前后端外圆，以建立壳体基准轴；通常采取安装工艺环的方法，在壳体找正后，将两个工艺环外圆上车一刀，形成壳体轴线基准，以满足壳体的同轴度、直线度要求。工艺环常用于需要使用中心架、壳体掉头、装夹找正的车工序、镗铣工序之中。

4）工艺流程相似原则：金属壳体的加工采用相似工艺流程，例如：划线（调整余量）→精车（形成精基准）→钳（钻轴向孔）→镗（加工径向孔）。

5）用钻模保证对接孔位原则：依靠钻模保证对接孔位置加工一致性，从功能上钻模又分为工作钻模和检验钻模，工作钻模是用于加工产品现场使用的，而检验钻模是由总装单位提供的，用于制造和检测工作钻模。

6）工艺尺寸加严原则：由于存在壳体变形，必须在工序中对某些尺寸加严控制或对公差带进行调整，确保壳体加工尺寸最终合格交付；另外，为了保证钻模等工装使用的定位精度，必须对壳体上定位基准尺寸进行工艺加严。

7）保证壁厚原则：金属壳体压力容器，金属壳体的所有加工，必须确保不小于设计最小壁厚和实体厚度尺寸。

8）成组加工原则：对于多品种、批量不很大、具有相似结构的金属壳体及其零部件加工，可采用成组加工，提高生产效率和管理效率。

5.2 超高强度钢的加工特点

高强度结构钢是指那些具备很高的强度和硬度,同时又具有很好的韧性和塑性的合金结构钢。调质处理后 $\sigma_b > 1\ 200$ MPa, $\sigma_s > 1\ 000$ MPa 的合金结构钢称为高强度钢,而 $\sigma_b > 1\ 500$ MPa, $\sigma_s > 1\ 300$ MPa 的合金结构钢称为超高强度结构钢。超高强度结构钢主要用于制造飞机起落架、飞机发动机的压气机轴、火箭发动机壳体、导弹壳体、高压容器、受力框架、齿轮和抗疲劳螺栓等,是航空、航天、航海等工业重要的强力结构材料。

按超高强度钢的化学成分分类,主要可分为低合金超高强度钢、中合金超高强度钢以及高合金超高强度钢。在固体火箭发动机制造中普遍使用的超高强度钢主要包括以下几种。

(1)30CrMnSiNi2A 钢

这是目前我国航空、航天工业中使用最广泛的一种低合金超高强度钢。该钢是在 30CrMnSiA 钢的基础上加入 $(1.4\sim1.8)\%$ 的镍(Ni)而得到的。由于镍的加入,提高了钢的强度、韧性和塑性,也提高了钢的淬透性。截面直径小于 50 mm 的 30CrMnSiNi2A 零件可在油中淬透。经 900 ℃ 淬火,$250\sim300$ ℃ 回火后,30CrMnSiNi2A 钢的抗拉强度达 $1\ 600\sim1\ 800$ MPa,冲击韧性可达 $70\sim90$ J/C ㎡。若采用等温淬火,在得到近似相等强度的情况下,其冲击韧性可达 $100\sim120$ J/C ㎡。30CrMnSiNi2A 的等温淬火温度与抗拉强度和硬度的关系见表 5-1。

表 5-1 30CrMnSiNi2A 钢的等温淬火温度与抗拉强度和硬度的关系

等温淬火温度/℃	σ_b/MPa	HRC	HBS
$310\sim330$	$1\ 400\sim1\ 600$	$40.0\sim45.5$	$390\sim444$
$280\sim320$	$1\ 500\sim1\ 700$	$42.0\sim47.5$	$417\sim470$
$190\sim220$	$1\ 600\sim1\ 800$	$45.5\sim49.5$	$444\sim499$

(2)31Si2MnCrMoVE(D406A)钢

D406A 钢是在固体火箭发动机制造中使用较为广泛的超高强度结构钢。热处理强化以后 D406A 的硬度可达 48HRC$\sim$52HRC,抗拉强度大于 $1\ 620$ MPa,最高可达 $1\ 760$ MPa,由于材料硬度和强度较高,刀具磨损特别快。其他类似材料还有 38SiMnCrNiMoV(406)、34Si2MnCrMoVA(406A)。

(3)40CrMnSiMoVA(GC-4)钢

GC-4 钢是我国自行研制的,符合我国资源情况的无镍超高强度钢,用于飞机起落架,机翼大梁等重要零件。材料中的碳质量分数约为 0.4%,目的在于保证钢的强度。锰、铬、钼、硅等元素的主要作用在于提高钢的淬透性和马氏体回火稳定性。钼还能改善碳化物的分布,钒可细化晶粒,提高回火马氏体的塑性和韧性。该钢具有良好的淬透性,直径 80 mm 的圆柱截面在油中能够淬透;180 ℃ 等温淬火时,直径 50 mm 的圆柱截面可淬透;300 ℃ 等温淬火时,直径 40 mm 的圆柱截面可淬透。该钢的抗拉强度可达 $2\ 000$ MPa,具有良好的综合机械性能,其抗拉强度比 30CrMnSiNi2A 钢高 200 Mpa,疲劳极限与 30CrMnSiNi2A 钢相当,在大气中的抗蚀性优于 30CrMnSiNi2A 钢,但缺口敏感性大于 30CrMnSiNi2A 钢,因此用它制作的零件应采用圆角光滑过渡,以防止过大的应力集中。40CrMnSiMoVA(GC-4)钢的热处理、组织和常规机械性能见表 5-2。

表 5-2   40CrMnSiMoVA 钢的热处理、组织和常规机械性能

钢号	热处理	组织	机械性能				
			σ_b/MPa	$\delta/(\%)$	$\psi/(\%)$	$\dfrac{a_k}{J \cdot cm^{-2}}$	$\dfrac{K_{1c}}{MPa \cdot m}$
40CrMnSiMoVA	920℃淬火 +200℃回火	回火马氏体	1 940	14	45	79	20~23

超高强度钢切削难度大,主要表现在切削力大、切削温度高、刀具磨损快、刀具耐用度低、生产效率低和断屑困难。

1)切削力大。传统的切削力理论公式为

$$F_z = \sigma_s a_p (f_z \times 1.4\xi + c)$$

式中 ξ——切削过程中的变形系数;

c——与刀具前角有关的常数;

f_z——进给量;

a_p——切削深度;

σ_s——屈服强度;

由于超高强度钢的强度高,即 σ_s 大,故主切削力 F_z 加大。但是,这些钢材的塑性较低,故 ξ 减小,因此 F_z 不与 σ_s 成正比例增大。根据车削试验,车削低合金超高强度钢(调质)时,其主切削力比切削 45 钢(正火)提高 25%~40%,车削中合金、高合金超高强度钢时主切削力则将提高 50%~80%。

2)切削温度高。超高强度钢的切削力、切削功率大,消耗能量及形成的切削热较多,同时,这种钢材的导热性较差。切削时集中于刃口很小的接触面积,因此刀具切削区温度较高。

3)刀具磨损严重、刀具耐用度低。超高强度钢调质后的硬度一般在 50HRC 以下,但抗拉强度高,韧性也好。在切削过程中,刀具与切屑的接触长度小,切削区的应力和热量集中,易造成前刀面月牙洼磨损,增加后刀面磨损,导致刃口崩缺或烧伤,降低刀具耐用度。

4)断削性能差。切削过程中,切屑应得到很好控制,不能任其缠绕在工件或刀具上,划伤已加工表面、损坏刀具,甚至伤人。控制切屑最常用的方法就是在刀具前刀面上预制段屑槽,加大切屑变形,促使切屑折断。

此外为了确保高强度钢的高效和高性能加工,应采用先进、使用的刀具材料:超高强度钢材料,要求刀具材料具有很高的抗弯强度、冲击韧性、红硬性和耐磨性,加工超高强度钢材料的孔加工刀具,应选用超硬高速钢材料,如 W9Mo3Cr4V3Co10(HSP15),还可选用高级粉末冶金高速钢材料;铣刀和车刀材料常常选用 YG 类或 ISO—P20/P30 材料的硬质合金,刀具及刀片尽可能选用有 PVD 工艺处理的表面涂层(如 TiCN,TtN 表面涂层),以适合超高强度钢的切削;车刀还可选用 Al_2O_3 基陶瓷材料,进行高速切削。超高强度钢螺孔的加工,可以使用整体硬质合金的涂层丝锥和螺纹铣刀加工;选用合理的刀具几何参数和合理的切削用量。

5.3　加工金属壳体的工装

封头成型模具:如封头冲压模具和封头旋压芯模等;

筒体成型模具:如筒体旋压芯模;

壳体焊接用工装:如封头体装配焊接工装、环焊缝工装、纵焊缝工装(卷焊筒体用)、外顶具、内撑具和过渡工装等;

壳体热处理工装:如工艺吊环,热处理吊具和热涨形工装等;壳体车加工用工装:如工艺环、过渡环、和内撑具等;

内撑具如图 5-1 所示,是薄壁筒体找正,支撑的主要工装,通过联结轴安装在车床的尾座活动四抓卡盘上。

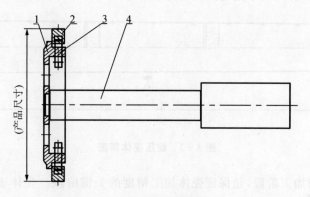

图 5-1　内撑具
1—内撑具本体;2—顶块;3—调节螺钉;4—联结轴

工艺环如图 5-2 所示,是薄壁金属壳体支撑的主要工装之一,通过压块增大接触面积实现在壳体外表面的的装夹和相对接头、裙框基准的找正,通过圆环体外圆实现与机床中心架的支撑,进而提高加工部位的刚性。

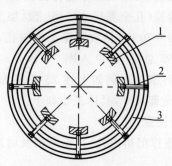

图 5-2　工艺环
1—压紧块;2—调节螺钉;3—圆环体

壳体镗铣加工用工装:如过渡夹具和镗床专用夹具等;

钻模:如前后接头钻模和前后裙框钻模等;

专用刀具:如专用丝锥、钻头、铰刀、惚钻、铣刀和镗刀等;

专用检具:如专用量具、样板和通止规等;

壳体翻转工装:吊装工装和运输工装、翻转工装等。

5.4　旋压壳体实例分析

图 5-3 所示是某型号发动机金属壳体,壳体材料为 D406A,壳体的筒体采用旋压成型工艺,由带加强环的筒体前段、筒体后段、前封头体(由前接头、前封头、前裙和加厚块组焊而成)、后接头对接组焊而成,并在金属壳体外焊上电缆支座。经强化热处理,硬度要求为 HRC48～53,σ_b 为 1 640～1 760 MPa。经确认 X 光无损检测抗体焊缝全部合格、壳体机械性能随炉试片全部满足设计要求之后,转入壳体的整体精加工阶段,由于使用的设备不同,目前发动机壳体在工厂采用两种路线加工:采用通用设备分散工序加工;采用复合数控机床加工。

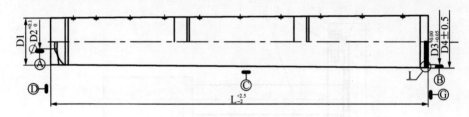

图 5-3　旋压壳体简图

壳体转入整体精加工阶段,是保证壳体加工精度的关键阶段。壳体通用设备机械加工的工艺流程如下:

0 备件(强化热处理后转来的壳体)→5 检验(零件表面应无划伤、碰伤)→15 划线(划尺寸加工线,协调分配加工余量)→20 检验(对划线工序进行检验)→25 车(车壳体前端全部尺寸)→30 车(掉头装夹,车壳体后端全部尺寸)→35 检验(尺寸全检、记录)→40 划线(划壳体象限线、所有径向孔位置线、方孔线)→45 检验(对划线工序进行检验)→50 钳(安装钻模,钻攻前裙、前封头、后接头上所有螺纹孔)→55 检验(孔全部尺寸)→60 镗(加工壳体前端全部径向孔、方孔)→65 镗(加工壳体后端全部径向孔)→70 钳(钻攻支座上螺纹孔、清理)→75 检验→80 打磨→85 水压试验→90 钳(清理、防锈)→95 总检→100 入库

在每道工序,必须对工步进行细化。例如上述 25 工序为车工序,使用设备为 CW6180B 或数控车 CK61100,车壳体前端全部尺寸,具体工步如下:

1)将中心架安放在床身适当位置;

2)用四爪撑后接头内孔,尾座撑前裙内孔,找正前裙及后接头外圆,对称 4 点,跳动量小于 0.1 mm;

3)车前裙外圆见光,直径不得小于 d_3;

4)车后接头外圆见光,直径不得小于 d_2;

5)在前裙体外圆柱面安放中心架,夹紧力适当、对称,并撤去尾座;

6)复检前裙体外圆柱面,跳动量小于 0.03 mm;

7)检测前接头外圆,跳动量不大于 0.6 mm;

8）参考划线，车前裙端面，保证前裙框厚度及前裙端面与第一加强环为距离 L_{20}^{+2}；

9）车前接头端面，保证 $(L_3\pm3)$mm 及 $L4_0^{+1}$；

10）车内孔 φmm；

11）车内孔 $D_{40}^{+0.18}$（G3B）$[D_{40}^{+0.15}]$，保证深 $L_5{}^{+0.1}_{-0.2}$；

12）车退刀槽 $D_{50}^{+0.5}$，保证 $L_6{}^{0}_{-0.1}$（G4B），$(L_7\pm0.2)$mm；

13）车螺纹 MD6×L-6H（G1B）的小径 $\varPhi D_7$，并倒角 1×30°（两处）；

14）车螺纹 MD6×L-6H（G1B），螺纹规检；

15）车前接头外径 $(d_6\pm0.5)$mm，长度为 L_8，圆滑过渡至非加工面，不允许有尖棱、啃刀，并倒前接头边角 1×45°；

16）车前裙内径 $d_{70}^{+0.1}$（工艺加严，用于夹具定位）；

17）尾座撑前裙内孔（注意保护），卸掉中心架，检验前裙外圆跳动量小于 0.05 mm；

18）车前裙框外锥面，保证 $(d_1\pm0.1)$mm（G5B），内控 $(d_1\pm0.09)$mm；圆锥面与非加工面过渡必须均匀。检验现场测量前裙端面与壳体轴线的垂直度，并记录于检验单上；

19）钳工清理，装配水压工装；

20）水压试验；

21）清理，产品最终检验；

22）钳工清理，在壳体所示机加工表面涂防锈机油保护，包装准备交付。

使用通用设备，采用工序分散的原则加工金属壳体，存在如下问题：

1）由于工序分散，加工壳体金属件需要多台设备、多个人员，为了保证每道工序不间断，现场放置放大量的在制品流转，大量的在制品不仅占地方，而且使现场管理很忙乱，经常造成产品磕碰伤。

2）分工序加工，产品需要多次装夹，多次找正、装夹不仅影响产品精度，特别是形位精度的提高，更重要的是较长的装夹、找正时间严重影响生产效率的提升，在整个产品加工过程中，实际用于切削的时间不超过产品流转总时间的 35%，设备能力无法充分实现，产能难以进一步提升。

3）多工序的人工操作不仅对于从事生产加工的操作人员技能有较高要求，人员状态的变化也直接导致产品质量的变化，人为低层次质量问题时有发生，使产品合格率难以进一步提升。

4）多工序加工需要大量的专用工装、量具，大量的专用工装、量具不仅需要一定的费用；制约生产准备进度，特别是在日常生产中也使得管理更复杂，专用工装、量具的鉴定、维护、存放等也需要相关的人、财消耗。

5.5　数控复合加工工艺

复合加工机床突出体现了工件在一次装卡中完成大部分或全部加工序，从而达到减少机床和夹具，提高工件加工精度，缩短加工周期和节约作业面积的目的。

1845 年美国丁·菲奇发明转塔；1911 年美国格林里公司为汽车零件加工开发了第一台；1952 年三轴铣床研制成功；1958 年美国 KT 公司研制出带有刀具自动交换装置的，有力地推动了工序集中的加工方法的发展。复合加工及其制造装备的出现已有百余年的历史,但是真正得到较广泛的应用还是在20世纪80年代,数控技术和数控机床成为制造技术的主流后出现的。20世纪80年代中后期,随着加工中心功能和结构的完善,显示了这种工序集中数控机床的优越性,开始出现 中心、中心等,使复合加工得到扩展而不再局限于、等工序。90年代后期又进一步发展了车铣中心、铣车中心、车磨中心等,后来又出现由激光、电火花和超声波等方法与切削、磨削加工方法组合的复合机床,复合加工技术有力推动了机床结构和制造工艺技术的发展。

多轴车铣复合加工技术,是一种在传统机械设计技术和精密制造技术基础上,集成了现代先进控制技术、精密测量技术和 CAD/CAM 应用技术的先进机械加工技术。这种加工技术的实质是一种基于现代科技技术和现代工业技术的工艺创新并引发相关产业工艺进步和产品质量提升的新技术。多轴车铣中心是多轴车铣技术的载体,是指一种以车削功能为主,并集成了铣削和镗削等功能,至少具有3个直线进给轴和2个圆周进给轴,且配有自动换刀系统的机床的统称。这种车铣复合加工中心是在三轴车削中心基础上发展起来的,相当于1台车削中心和1台加工中心的复合。因此可以在1台车铣中心上,经过一次装夹,完成全部车、铣、钻、镗、攻丝等加工,其工艺范围之广和能力之强,已成为当今复合加工机床的佼佼者,是世界范围内最先进的机械加工设备之一。

奥地利 WFL 车铣技术公司是世界唯一专门从事"复合加工"技术的车铣加工中心的制造企业。WFL 车铣技术公司的复合机床尺寸规格多样,中心距从2 m 到12 m,车削直径从520 mm 到1 500 mm。 MILLTURN 是世界上第一台具有将全车削功能和5轴联动插补铣削功能集成于一体的机床。早在1983年,WFL 公司的机床就已经标准配备了 B,C,X,Y,Z 轴。现在 MILLTURN 系列产品的主轴已经发展到第九代并在继续开发新的功能,最新的 MILL-TURN 机床装有多达10个数控加工主轴。其优势不仅表现在无以比拟的多功能性上,更主要的是体现在其超强刚性和高精度的完美结合。

MILLTURN 的主要用于复杂高精度零件的制造,如飞机制造业、大型柴油机制造业、印刷机械、石油行业以及涡轮机制造业等。典型工件有飞机起落架、喷气发动机轴、大型柴油机曲轴、联杆、活塞、印刷辊以及阀类产品等。

HTM80600sub 车铣复合加工中心是沈阳机床厂研制国内第一台六轴四联动双主轴车铣复合数控加工设备,其功能与奥地利 WFL 公司的 M80/6000 mm 车铣复合加工机床功能相近。

某型号发动机金属壳体在该设备上实现了一次装夹完成壳体主要型面加工,壳体工艺流程如下:

0备件(由焊接车间转来的壳体)→5检验(零件表面应无划伤、碰伤)→10划线(划支座焊接位置线)→15检验(检验划线工序)→20焊接(转焊接车间焊接支座)→25检验(检验壳体表面)→30划线(按要求划尺寸加工线)→35检验(对30工序进行检验)→40粗车(粗车前裙外圆,端面;粗车后接头外圆、端面)→45划线(按要求划线)→50车(安装、找正、压紧工艺环)→55数控车(车前裙框、前接头及相关尺寸)→60镗铣(镗铣前裙端面及前裙外圆螺纹孔、前裙外圆方孔)→65数控车(车后接头相关尺寸)→70镗铣(镗铣后接头端面及后接头外圆螺纹孔)→75钳(按要求钻孔、锉修方孔并清理、打标记)→80检验(称壳体质量、划壳体打磨区域)→85打磨(打磨壳体)→90检验(检验壳体打磨厚度并记录)→95水压试验→100(钳)→105(检验)

终检,称重→110(入库)。

数控加工主要是依照程序完成加工任务,但每道工序必须对工步进行细化。例如上述 55 工序为车工序,使用设备为 HTM80600,车壳体前端全部尺寸,具体工步如下:

55 工序　数控车　设备 HTM80600(双主轴卧式车铣加工中心)

1)主轴专用三爪装夹后接头外圆,副主轴专用三爪装夹前裙外圆。

2)见光前接头端及后接头端工艺环外圆。程序编号:Q1

3)右中心架压紧前接头端工艺环外圆,夹紧力适中。

4)脱开副主轴专用三爪,副主轴向 Z 轴正方向移动到 -200 mm 左右。

5)检验前接头外圆,跳动量不大于 1.2 mm。复检前裙外圆,跳动量应小于 0.05 mm。

6)车前接头端面,保证 L_0^{+1}。

7)粗车前接头 $\varPhi D_1$ 内孔处毛坯余量,深度方向尺寸($L_2 \pm 0.2$ mm)留余量 0.5 mm,直径方向车至毛坯尺寸。

8)粗、精车前接头外径 $\varPhi D_2 \pm 0.5$ mm,长度为 L_3,R_{10} 圆滑过渡至非加工面,不允许有尖棱,啃刀,并倒前接头边角 $1 \times 45°$。

9)半精车内型面

10)车退到槽。

11)精车内型面:保证内孔 $\varPhi D_3$;保证内孔 $\varPhi D_3$,保证:L_4。

12)车螺纹并倒角 $1 \times 30°$(两处)。

13)车前裙框端面,保证 L_5,L_6。车前裙内径 $\varPhi D_4$.

14)车前裙框外锥面,保证 $\varPhi D_5$,$R_{a3.2}$。

车铣复合加工机床完成加工后,经过水压试验,产品最终检验,清理包装后交付用户。

与采用通用设备加工不同车铣中心能够实现一次装夹,完成加工范围内的全部或绝大部分工序,这种复合加工有多方面的好处,具体如下。

(1)缩减生产过程链和减少在制品数量

复合加工大大缩短了生产过程链,而且由于把加工任务只交给一个工作岗位,不仅使生产管理和计划调度简化,而且透明度明显提高,无需复杂的计划系统就能够迅速解决所发生的事情并使之优化。工件越复杂,它相对传统工序分散的生产方法的优势就越明显。同时由于生产过程链的缩短,在制品数量必然减少,可以简化生产过程管理。

(2)减少基准转换,提高加工精度

工序集成化不仅提高了工艺的有效性,由于零件在整个加工过程中只有一次装卡,加工的精度更容易获得保证。

(3)减少工装夹具数量和占地面积

尽管加工中心机床的单台设备价格较高,但由于过程链的缩短和设备数量的减少,工装夹具数量、车间占地面积和设备维护费用也随之减少,从而降低了总体固定资产的投资、生产运作和管理的成本。

(4)缩短产品研发周期

在竞争日益激烈的环境下,机会转瞬即逝,这就要求产品研发周期不能太长。对于航空航天领域的企业,新产品零件越来越复杂,精度也越来越高,预研型号越来越多,研制周期越来越多,因此具备高柔性、高精度、高集成性和完全加工能力的多轴车铣复合加工中心可以很好地解决新产品研发中复杂零件加工的精度和周期问题，大大缩短研发周期。

5.6　本章小结

　　本章详细介绍了某超高强度钢金属壳体在数控车铣复合加工中心上，实现了车、铣、钳等多个工序一次装夹加工完成，减少了装夹找正次数，并采用先进的加工刀具、高效铣削，不仅生产效率有了很大提高，而且产品质量也大幅提升。

　　通过本章的理论学习和生产实践活动，更好地掌握同类产品在数控车铣复合加工中心上加工操作技能和编制数控加工艺规程的基本方法，可以有效提高生产效率，稳定产品质量。

思　考　题

　　1.在普通卧式车床上加工金属壳体时，产品装夹的注意事项有哪些？

　　2.在车铣复合机床上加工加工金属壳体时是否需要预先加工粗基准？

第6章 喷管金属件数控化加工

喷管金属件是固体发动机中的重要结构件,通过设计机床连接工装,选择标准刀具,优化走刀路径和加工参数,完善了批产数控加工艺规程,保证了喷管金属件数控化加工质量,显著提高了产品批产生产效率,对同类型号产品的研制和批产具有重要的指导作用。

喷管金属件是战术型号固体发动机中的关键部件,要求交付产品尺寸加工合格率达100%。针对以往制造精度不稳定、加工效率低、人为导致的超差报废多等加工问题,采用用数字化加工技术,通过设计工装、优化导轨路径、合理选用机床和标准刀具,工件、刀具经过一次定位装夹,自动完成工序加工,保证了工件尺寸加工的一致性和稳定性,实现了产品的数控化加工。

6.1 产品机加特点

喷管金属件主要由收敛段壳体和扩张段壳体组成(见图 6-1),工件材料为 TC8 钛合金,毛坯件为($\alpha+\beta$)钛合金(Ti-6.5Al-3.5Mo-1.5Zr-0.25Si)模锻件,属于热强钛合金。收敛段壳体最大直径 ϕ_{d1},总长 L_1,最小壁厚 H_1;扩张段壳体最大直径 ϕ_{d2},长 L_2,最小壁厚 H_2。

喷管金属件属于薄壁盘环类结构件,适合在数控车床加工。毛坯为钛合金模锻件,铸造残余应力较大,采用工序分散原则,逐渐减小切削加工中的残余应力。

TC8 钛合金属于难加工材料,常与刀具形成亲和作用,刀具容易磨损断裂,加工过程中切削速度较低;精车后尺寸回弹变形大,工序周转时间长,加工效率低。半精车、精车不易径向夹紧,采用圆盘轴向定位压紧,保证工件定位精度,提高产品批产加工效率。

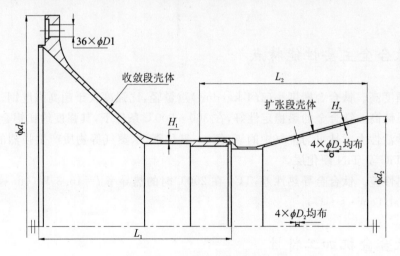

图 6-1 喷管金属件简图

6.2　工件材料特性

喷管金属件材料为 TC8 钛合金模锻件。钛合金由于其密度小、比强度高、耐高温、抗氧化性能好等特点，越来越多地应用在航天、航空、航海等领域。但钛合金机械加工性能差、影响了该材料的广泛使用。

钛合金在工业纯钛中加入合金元素，以提高钛合金的强度。钛合金可分为以下三种。

（1）α 钛合金

工业上主要靠加入铝获得 α 钛合金，此类钛合金多半属于钛－铝系。α 钛合金为单相合金，不能热处理强化，只有中等水平的室温强度。航空工业常用有 TA4、TA5、TA6 和 TA7 等，TA7 可用来制作承力较大的钣金件和锻件。对于 α 钛合金，唯一的热处理方式是退火。

（2）β 钛合金

退火组织完全由 β 相构成的合金，稳定的 β 钛合金在工业上并没有多大的实际意义，目前稳定型 β 合金只有作耐蚀材料的 Ti－32Mo。工业常用的 β 钛合金是亚稳定型近 β 钛合金。亚稳定近 β 钛合金在固溶状态有良好的工艺塑性，便于加工成形，时效处理后可获得很高的强度性能。例如 TB2(Ti－5Mo－5V－8Cr－3Ai)合金，固溶状态 $\sigma_b < 1\,000$ MPa，$\delta \geqslant 20\%$；时效后 $\sigma_b \approx 1\,350$ MPa，$\delta \geqslant 8\%$。目前，国内试制的亚稳定近 β 钛合金牌号有 TB1，TB2，Ti－22，Ti－15－3，Ti－1023 等，主要用于紧固件和飞机结构件。这类合金的缺点是对杂元素敏感性高，组织不够稳定，耐热性较低，不宜在高温下使用，焊接性较差。

（3）(α＋β) 钛合金

该合金退火组织由(α＋β)两相组成。它兼有 α 和 β 钛合金的优点，具有较高的耐热性，热加工较容易并能通过热处理强化。这类合金组织稳定，高温变形性能、韧性、塑性较好，能进行淬火、时效处理，使合金强化。在我国冶金标准中规定的(α＋β)钛合金，分别属于以下系列，其中 TC10 为高强钛合金，TC6、TC8、TC9、TC11 属于热强钛合金，工作温度为 400～500℃ 摄氏度。

6.2.1　钛合金主要性能特点

（1）比强度高。钛合金密度小(4.4 kg/dm³)重量轻，比强度大于超高强度钢。

（2）热强性高。钛合金的热稳定性好，在 300～500℃ 条件下，其强度约比铝合金高 10 倍。

（3）化学活性大。钛可与空气中的氧、氮、一氧化碳、水蒸气等物质产生强烈的化学反应，在表面形成 TiC 及 TiN 硬化层。

（4）导热性差。钛合金导热性差，TC4 在 200℃ 时的热导率 $l = 16.8$ W/(m·℃)，导热系数是 0.036 cal/(cm·s·℃)。

6.2.2　钛合金机加工特性

首先，钛合金导热系数低，仅是钢的 1/4，铝的 1/13，铜的 1/25。因切削区散热慢，不利于热平衡,在切削加工过程中,散热和冷却效果很差,易于在切削区形成高温,加工后零件变形回弹大,造成切削刀具扭矩增大、刃口磨损快、耐用度降低。其次,钛合金的导热系数低,使切削热积于切削刀附近的小面积区域内不易散发,前刀面摩擦力加大,不易排屑,切削热不易散发,加速刀具磨损。最后,钛合金化学活性高,在高温下加工易与刀具材料起反应,形成溶敷、扩散,造成粘刀、烧刀、断刀等现象。

6.3　数控刀具选用

根据产品结构特点和钛合金的材料特性,刀具选择应遵循以下原则。

1)足够的硬度。刀具的硬度必须要远大于钛合金硬度。

2)足够的强度和韧性。由于刀具切削钛合金时承受很大的扭矩和切削力,因此必须有足够的强度和韧性。

3)足够的耐磨性。由于钛合金韧性好,加工时切削刃要锋利,因此刀具材料必须有足够的抗磨损能力,这样才能减少加工硬化。这是选择加工钛合金刀具最重要的参数。

4)刀具材料与钛合金亲合能力要差。由于钛合金化学活性高,因此要避免刀具材料和钛合金形成溶敷、扩散而成合金,造成粘刀、烧刀现象。

经过对国内常用刀具材料和国外刀具材料进行试验表明,采用高钴刀具效果理想,钴的主要作用能加强二次硬化效果,提高红硬性和热处理后的硬度,同时具有较高的韧性、耐磨性、良好的散热性。

钛合金的加工特性决定刀具的几何参数与普通刀具存在着较大区别。螺旋角 β 选择较小的螺旋升角,排屑槽增大,排屑容易,散热快,同时也减小切削加工过程中的切削抗力。前角 γ 切削时刃口要锋利,切削轻快,避免钛合金产生过多切削热,从而避免产生二次硬化。后角 α 减小刀刃的磨损速度,有利于散热,耐用度也得到很大程度的提高。

6.4　切削参数选择

钛合金机械加工应选择较低的切削速度,适当大的进给量,合理的切深和精加工量,冷却要充分。

切削速度 $v_c=30\sim50$ m/min。进给量 f,粗加工时取较大进给量,精加工和半精加工取适中的进给量。切削深度 $a_p=0.2\sim0.6$ mm,钛合金亲合力好,排屑困难,切削深度太大会造成刀具粘刀、烧刀、断裂现象。精加工余量适中,钛合金表面硬化层约 $0.1\sim0.15$ mm,余量太小,刀刃切削在硬化层上,刀具容易磨损,应该避免硬化层加工,但切削余量不宜过大。

钛合金加工过程最好不用含氯的冷却液,避免产生有毒物质和引起氢脆,也能防止钛合金高温应力腐蚀开裂。选用合成水溶性乳化液,也可自配用冷却液。切削加工时冷却液要保证充足,冷却液循环速度要快,切消液流量和压力要大,数控机床都配有专用冷却喷嘴,只要注意调整就能达到预期的效果。

6.5 产品加工技术

6.5.1 收敛段壳体加工技术

（1）工艺方案

根据收敛段壳体模锻件（见图6-2）及零件图（见图6-3）要求，制定了工艺流程：0 备模锻件→5 粗车大端面→10 粗车小端面外型面→15 超声波探伤→20 半精车大端面→25 半精车小端面→30 自然时效→35 精车大端面→40 精车小端面→45 数控钻孔→50 清理→55 检验→水压试验→复验。

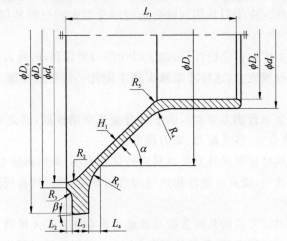

图 6-2 某收敛段壳体模锻件

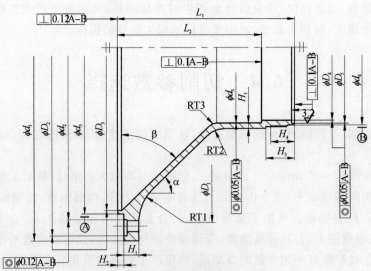

图 6-3 某收敛段壳体简图

（2）收敛段壳体圆盘连接工装

根据收敛段壳体薄壁件加工易变形特点，设计工艺凸台压紧、工艺螺纹连接，采用轴向压紧连接夹具。图 6-4 所示为收敛段壳体圆盘定位夹具，两个沿中心成 90°。

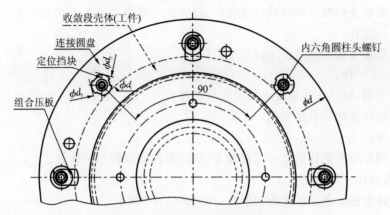

图 6-4　收敛段壳体圆盘定位夹具

设置的"V 形"定位挡块控制工件径向定位精度，ϕd_1，ϕd_2，ϕd_3 对应的挡块外圆，分别用于粗车、半精车、精车小端面工件径向定位。

收敛段壳体圆盘定位夹具工作原理如下：

1）三爪卡盘夹紧圆盘夹具外圆，找正圆盘外圆及端面跳动量均小于 0.05；

2）车圆盘定位夹具端面见光；

3）找正首件工件外圆跳动量小于 0.02，用 4 个均布组合压板压紧工件；

4）用 2 个成"V 形"的径向定位挡块贴紧工件外圆拧紧螺钉；

5）按工序程序要求完成首件工件加工；

6）松开、旋转组合压板，卸下首件工件进行三检。

上面夹具不动，按以下步骤要求加工其余工件：

1）清理圆盘定位面上的切屑；

2）以圆盘端面和成"V 形"挡块定位，用 4 个组合压板均匀压紧工件；

3）按工序程序要求完成第二件工件加工，依此步骤完成剩余工件加工。

图 6-5 所示为收敛段壳体内螺纹连接夹具，由连接圆盘和内螺纹连接环组成，用于大端内外型面精车加工，在不用更换上道工序使用的夹具连接圆盘情况下，直接安装内螺纹连接环，减少了工装安装找正时间，减少了数控机床待机时间，提高了数控机床的生产效率。

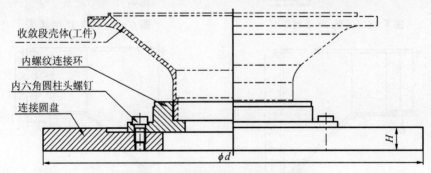

图 6-5　收敛段壳体内螺纹连接夹具

收敛段壳体内螺纹连接夹具工作原理如下：

1）三爪卡盘夹紧连接圆盘外圆，找正圆盘外圆及端面跳动量均小于 0.05；

2)车圆盘定位夹具端面见光；

3)用四个圆柱头螺栓压紧内螺纹连接环,找正其外圆跳动量小于 0.02；

4)旋紧首件工件；

5)按工序程序要求完成首件工件加工；

6)旋开、卸下工件。

上面夹具不动,按以下步骤要求加工其余工件：

1)清理内螺纹连接环表面切屑；

2)旋紧工件；

3)按工序程序要求完成第二件工件加工,依此步骤完成剩余工件加工。

(3)收敛段壳体工序附图

收敛段壳体数控工艺工序附图如图 6-6～图 6-12 所示。

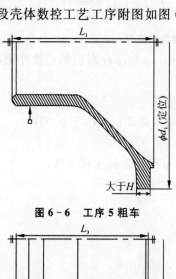

图 6-6　工序 5 粗车

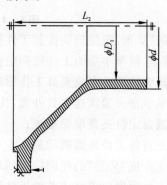

图 6-7　工序 10 粗车

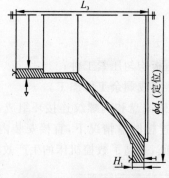

图 6-8　工序 20 半精车

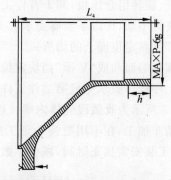

图 6-9　工序 25 半精车

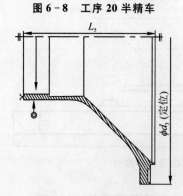

图 6-10　工序 35 精车

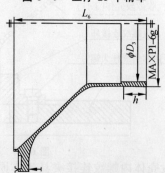

图 6-11　工序 40 精车

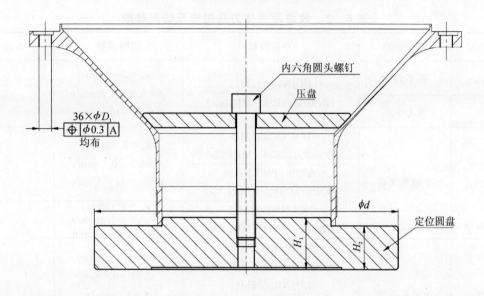

图 6 - 12　工序 45 数控钻孔

（4）收敛段壳体工艺装备

根据收敛段壳体工件加工形状和夹具外形尺寸，选用工艺装备，见表 6-1。

表 6 - 1　收敛段壳体工艺装备明细

工序号	工序名称	数控机床	夹具	备注
0	备模锻件	——	——	
5	粗车大端	CAK6180A	四爪手动卡盘	
10	粗车小端	CAK6180A	圆盘定位夹具	
15	超声波探伤	——	——	
20	半精车大端	CAK6180B	三爪定心卡盘	
25	半精车小端	CAK6180B	圆盘定位夹具	
30	自然时效	——	——	
35	精车大端面	CK516A	内螺环连接夹具	
40	精车小端面	CK516A	圆盘定位夹具	
45	数控钻孔	XH2412	内圆定位夹具	
50、55	清理,检验	——	——	

（5）收敛段壳体加工刀具

根据收敛段壳体钛合金（TC8）难加工材料加工特点和数控车床刀库容量，合理选择标准刀具，通过优化刀轨路线和切削参数，保证工件、刀具经过一次定位装夹，完成工序加工。选用的标准刀具规格及切削参数见表 6-2。

表 6-2 收敛段壳体刀具规格及切削参数

工序号	工序内容	刀具规格	切削参数	备注
5	粗车大端	DDJNR2525M15	$a_p = 2\sim 4mm$	
10	粗车小端	DNMG150608 - MR1 890	$f = 0.2\sim 0.3mm/r$ $V = 30\sim 40\ m/min$	
20	半精车大端	DDJNR2525M15 DNMG150608 - MR1 890 A32S - PWLNR08 WNMG080408 - MR1 890	$a_p = 1\sim 2mm$ $f = 0.2\sim 0.3mm/r$ $V = 35\sim 45\ m/min$	
		DCLNR2525M12 CNMG120404 - MF1 890	$a_p = 1\sim 2mm$ $f = 0.2\sim 0.3mm/r$ $V = 35\sim 45\ m/min$	
25	半精车小端	A32S - PWLNR08 WNMG080408 - MR1 890 DDJNR2525M15 DNMG150608 - MR1 890 CER2525M16Q 16ERAG60 0.5 - 3 890	$0.93\sim 0.08/6$ $f = 1.5mm/r$ $V = 35\sim 45\ m/min$	
35	精车大端	DDJNL3232P15 DNMG150604 - MF1 890	$a_p = 0.2\sim 0.3mm$ $f = 0.1\sim 0.2mm/r$ $V = 40\sim 50\ m/min$	
		CFIR3225P03 LCMF160304 - 0300 - FT 890 A40T - PWLNR08 WNMG080404 - MF1 890	$a_p = 0.1\sim 0.2mm$ $f = 0.02\sim 0.04mm/r$ $V = 40\sim 50\ m/min$	
		DCLNR3232P12 CNMG120404 - MF1 890	$a_p = 0.2\sim 0.3mm$ $f = 0.1\sim 0.2mm/r$ $V = 40\sim 50\ m/min$	
40	精车小端	A40T - PWLNR08 WNMG080404 - MF1 890 DDJNR3232P15 DNMG150604 - MF1 890	$a_p = 0.2\sim 0.3mm$ $f = 0.1\sim 0.2mm/r$ $V = 40\sim 50\ m/min$	
45	数控钻孔	$\varphi 13VPH$ - GDS	$V = 6\sim 10\ m/min$ $F = 0.13\sim 0.26\ mm/r$	

6.5.2 扩张段壳体加工技术

(1)工艺流程

根据扩张段壳体模锻件(见图 6-13)及零件图(见图 6-14)要求,制定工艺流程:0 备模锻件→5 车大端外圆→10 车小端内外圆→15 探伤→20 粗车大端面→25 粗车小端→30 半精车大端→35 自然时效→40 精车小端→45 精车大端→50 划孔位置线→55 钻小孔→60 清理→65 检验。

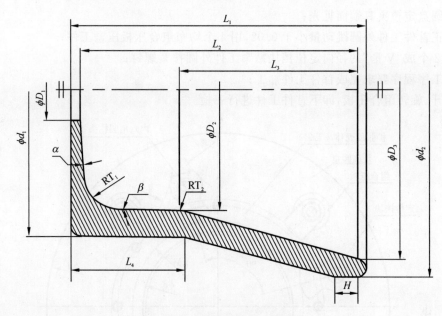

图 6－13 某扩张段壳体模锻件

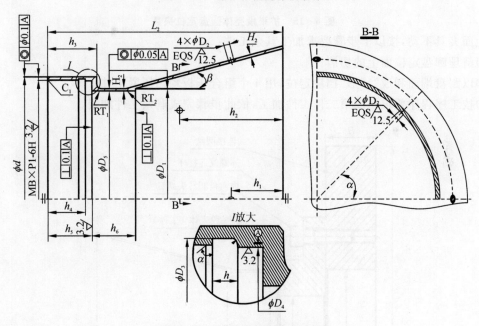

图 6－14 某扩张段壳体设计图

（2）扩张段壳体圆盘夹具

根据扩张段壳体薄壁件加工易变形特点，设计工艺凸台压紧、工艺螺纹连接，采用轴向压紧连接夹具。图 6－15 扩张段壳体圆盘定位夹具，两个沿中心成 90°设置的"V 形"定位挡块控制工件径向定位精度，ϕd_1，ϕd_3，ϕd_2 对应的挡块外圆，分别用于粗车小端面、半精车大端面，精车小端面工件径向定位。

扩张段壳体圆盘定位夹具工作原理：

1）三爪卡盘夹紧圆盘夹具外圆，找正圆盘外圆及端面跳动量均小于 0.05；

2)车圆盘定位夹具端面见光;

3)找正首件工件外圆跳动量小于0.02,用4个均布组合压板压紧工件;

4)用2个成"V形"的径向定位挡块贴紧工件外圆拧紧螺钉;

5)按工序程序要求完成首件工件加工;

6)松开、旋转组合压板,卸下首件工件进行三检。

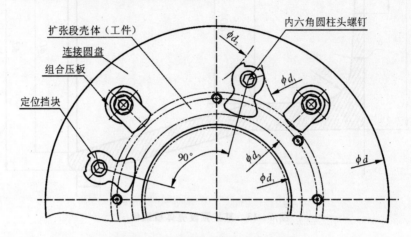

图 6-15　扩张段壳体圆盘定位夹具

上面夹具不动,按以下步骤要求加工其余工件:

1)清理圆盘定位面上的切屑;

2)以圆盘端面和成"V形"挡块定位,用4个组合压板均匀压紧工件;

3)按工序程序要求完成第二件工件加工,依此步骤完成剩余工件加工。

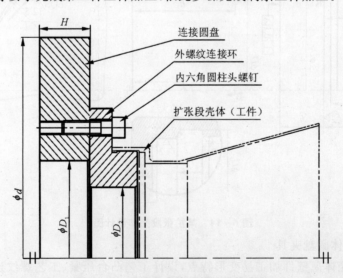

图 6-16　扩张段壳体外螺纹连接夹具

图 6-16 扩张段壳体外螺纹连接夹具,由连接圆盘和外螺纹连接环组成,用于大端内外型面精车加工,在不用更换上道工序使用的夹具连接圆盘情况下,直接安装外螺纹连接环,减少了工装安装找正时间,减少了数控机床待机时间,提高了数控机床的生产效率。

1)三爪卡盘夹紧连接圆盘外圆,找正圆盘外圆及端面跳动量均小于0.05;

2）车圆盘定位夹具端面见光；

3）用四个圆柱头螺栓压紧内螺纹连接环，找正其外圆跳动量小于 0.02；

4）旋紧首件工件；

5）按工序程序要求完成首件工件加工；

6）旋开、卸下工件。

上面夹具不动，按以下步骤要求加工其余工件：

1）清理外螺纹连接环表面切屑；

2）旋紧工件；

3）按工序程序要求完成第二件工件加工，依此步骤完成剩余工件加工。

（3）扩张段壳体工序附图

扩张段壳体数控工艺工序附图如图 6-17～图 6-24 所示。

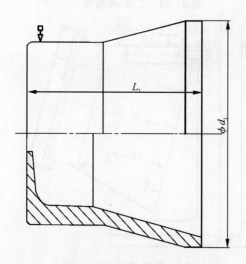

图 6-17　工序 5 粗车

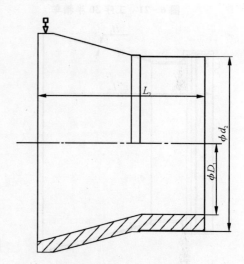

图 6-18　工序 10 粗车

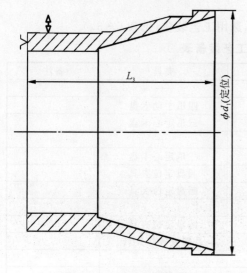

图 6-19　工序 20 粗车大

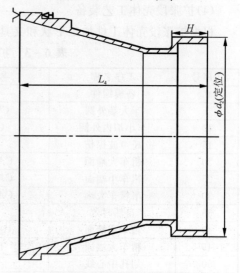

图 6-20　工序 25 粗车

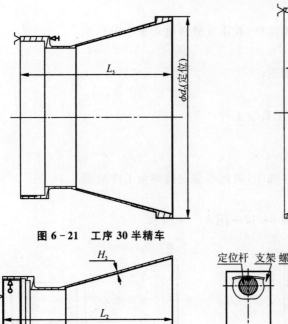

图 6-21　工序 30 半精车

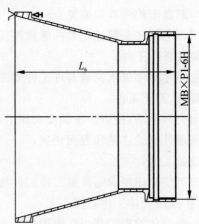

图 6-22　工序 40 精车

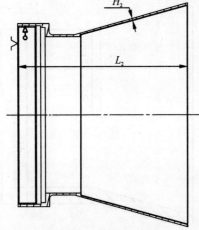

图 6-23　工序 45 精车

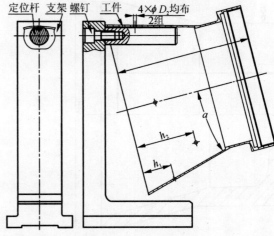

图 6-24　工序 50 钻孔

（4）扩张段壳体工艺装备

根据扩张段壳体工件加工形状和夹具外形尺寸,选用工艺装备,见表 6-3。

表 6-3　扩张段壳体工艺装备表

工序号	工序名称	数控机床	夹具	备注
0	备模锻件	——	——	
5	车大端外圆	CW6263B	四爪手动卡盘	
10	车小端内外圆	CA6140	三爪定心卡盘	
15	超声波探伤	——	——	
20	粗车大端面	CAK6150D	三爪定心卡盘	
25	粗车小端面	CAK6150D	圆盘定位夹具	
30	半精车大端	CAK6150D	圆盘定位夹具	
35	自然时效	——	——	
40	精车小端面	CAK615Dj	圆盘定位夹具	
45	精车大端面	TNA500	外螺纹连接夹具	
50	划孔中心线	——	——	
55	台钻钻孔	ZS4112C	自制	
60、65	清理,检验	——	——	

（5）扩张段壳体加工刀具

根据扩张段壳体钛合金（TC8）难加工材料加工特点和数控车床刀库容量，合理选择标准刀具，通过优化刀轨路线和切削参数，保证工件、刀具经过一次定位装夹，完成工序加工。选用的标准刀具规格及切削参数见表6-4。

表6-4　扩张段壳体刀具规格及切削参数

工序号	工序内容	刀具规格	切削参数	备注
5	车大端外圆	DDJNR2525M15 DNMG150608-MR3 890	$a_p=0.5\sim2$ mm $f=0.2\sim0.4$ mm/r $V=30\sim40$ m/min	
10	车小端内外圆	S32T-MCLNR12 CNMG120408-MR4 890	$a_p=0.5\sim1$ mm $f=0.2\sim0.4$ mm/r $V=30\sim40$ m/min	
		DDJNR2525M15 DNMG150608-MR3 890		
20	粗车大端面	S32T-MCLNR12 CNMG120408-MR4 890	$a_p=1\sim4$ mm $f=0.2\sim0.4$ mm/r $V=30\sim40$ m/min	
		DDJNR2525M15 DDJNL2525M15 DNMG150608-MR3 890		
25	粗车小端圆	S32T-MCLNR12 CNMG120408-MR4 890	$a_p=0.5\sim4$ mm $f=0.2\sim0.4$ mm/r $V=30\sim40$ m/min	
		DDJNR2525M15 DDJNL2525M15 DNMG150608-MR3 890		
30	半精车大端面	S32T-MCLNR12 CNMG120408-MR4 890	$a_p=1\sim3$ mm $f=0.2\sim0.3$ mm/r $V=35\sim45$ m/min	
		DDJNR2525M15 DDJNL2525M15 DNMG150608-MR3 890		
40	精车小端型面	DDJNL2525M15 DNMG150604-MF1 890	$a_p=0.2\sim0.3$ mm $f=0.1\sim0.2$ mm/r $V=40\sim50$ m/min	
		S32T-MCLNL12 CNGG120402-MF1 890		
40	精车小端型面	A16Q-CGEL1303 LCMF130304-0300-FT 890	$a_p=0.2\sim0.3$ mm $f=0.1\sim0.2$ mm/r $V=40\sim50$ m/min	
		CNR0025R16 16NR2.0ISO 890	8/0.08 $f=2$ mm/r	
45	精车大端型面	S32T-MCLNL12 CNGG120402-MF1 890	$a_p=0.2\sim0.3$ mm $f=0.1\sim0.2$ mm/r $V=40\sim50$ m/min	
		DDJNL2525M15 DNMG150604-MF1 890		
50	台钻钻孔	φ4 VPH-GDS	$V=6\sim10$ m/min $F=0.04\sim0.08$ mm/r	

6.6 本章小结

本章详细地介绍了钛合金材料的主要性能和切削参数。根据某盘环类金属件实际加工情况,论述了工艺方案制定、工装设计原理、数控设备选择、切削参数选用等方面,在保证产品加工质量的前提下,尽可能减少工件装夹、找正时间,减少机床待机时间,提高数控机床的加工效率。

通过本章的理论学习和生产实践活动,更好地掌握同类产品数控加工操作技能和编制数控加工艺规程的基本方法。

思 考 题

1. 钛合金材料的种类及主要性能特点?
2. 选择钛合金工件切削刀具的原则?
3. 如何正确选择钛合金工件的切削用量?
4. 如何提高钛合金工件的数控化加工效率?
5. 简述编制盘环类钛合金薄壁件机加工艺规程的工艺原则。

第7章 热处理工艺

热处理是一门实践性很强的科学,在固体火箭发动机研制生产中占有十分重要的地位;热处理是特种工艺,是固体火箭发动机金属壳体、喷管及其金属件、发动机直属件研制生产中一个十分关键的环节。

热处理是指将钢在固态下加热、保温和冷却,以改变钢的组织结构,获得所需要性能的一种工艺。热处理区别于其他加工工艺如铸造、压力加工等的特点是只通过改变工件的组织来改变性能,而不改变其形状;只适用于固态下发生相变的材料,不发生固态相变的材料不能用热处理强化;热处理一般分为热处理原理和热处理工艺,热处理原理就是描述热处理时钢中组织转变的规律,而热处理工艺则是根据热处理原理制定的温度、时间、介质等参数,为简明表示热处理的基本工艺过程,通常用温度-时间坐标绘出热处理工艺曲线。

金属材料热处理通常按照加热特点和工艺目的分为整体热处理、化学热处理和表面热处理。整体热处理有退火、正火、淬火、回火、固熔处理、时效、冷处理等;化学热处理有渗碳、渗氮、渗金属和多元素共渗等;表面热处理有感应加热处理、火焰加热处理、激光热处理等;为了保护工件材料,在常规电阻炉加热的热处理工艺基础上还发展出可控气氛热处理和真空热处理等工艺。实际工作中,一般按材料进行热处理分类,因此又可以分为钢的热处理、高温合金热处理、有色金属热处理、精密合金热处理等。

固体火箭发动机的热处理具有其自身特点,充分表现在金属壳体的热处理上。为了获得高的比强度、减轻壳体重量,壳体材料一般选用高强钢或超高强度钢;壳体一般壁薄、长径比大,几何精度要求高,力学性能一般通过随炉试样进行表征,要求严格,因此壳体的热处理重点是力学性能的控制和变形的控制。此外对于喷管金属件而言,大多为薄壁件,因此热处理的控制重点是变形的控制。

航天热处理,不同的产品,具有不同的热处理特点,配备不同的热处理装备。总体而言,目前热处理设备相对比较落后,仅仅满足研制产品的需求,对于批量生产,还需通过研制保障条件不断的加以完善提高,向着可控气氛保护和真空热处理方向发展,提高生产自动化水平,减轻工人劳动强度,减少环境污染。

热处理为特种工艺、特殊过程,热处理质量的控制至关重要,在生产过程中应做到预防为主、过程控制、关注细节、一次成功。

预防的成本是最低的,在热处理前仔细梳理过程的每一个环节,抓住关键点,对于质量控制薄弱环节,提前采取预防措施,可防止质量问题的发生。

热处理作为特殊过程,过程控制非常关键,设备炉温均匀性、控温仪表、热电偶、淬火介质必须周期检定且均在有效期内;操作人员要精心操作,必须严格执行工艺文件,随时观察温度波动情况,控制好升温速度、降温速度及保温时间,正确使用冷却介质,防止误操作导致质量问题;淬火后中检硬度,为回火温度的确定提供依据;在没把握的情况下,坚持"宁可二次回火,不愿二次调质"的原则。

　　一些细节,尤其是易忽略的细节,决定着热处理的质量;掌握细节,也就是要从原理上去把握,在实践中要勤思考,勤总结,不仅知其然,而且知其所以然,才能得心应手,游刃有余。

　　要做就第一次做好,一次成功可以保证进度,提高效率,降低成本,因此,对于热处理来说,一次成功,质量零缺陷是我们的必须选择。

7.1　热处理原理

7.1.1　铁碳平衡图

　　铁碳平衡图是用于研究铁碳合金在加热、冷却时的结晶过程和组织转变的图解,熟悉和掌握铁碳平衡图是研究钢铁的铸造、锻造和热处理的重要依据之一。就热处理工作者来说尤其应当掌握平衡图左下部分的相变机理,从而使我们能够正确地、合理地进行各项热处理操作。如图 7-1、表 7-1 所示。

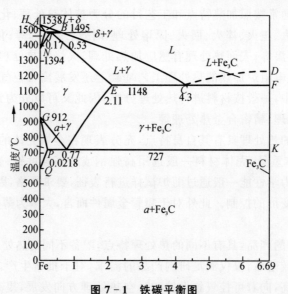

图 7-1　铁碳平衡图

表 7-1　铁碳平衡图中的特性点含义

特性点	温度/℃	碳含量/(%)	特性点的含义
A	1 538	0	纯铁的熔点
B	1 495	0.53	包晶转变时液相的成分
C	1 148	4.3	共晶点
D	1 227	6.69	渗碳体的熔点
E	1 148	2.11	碳在奥氏体中的最大溶解度
F	1 148	6.69	共晶渗碳体的成分点
G	912	0	α-Fe⇌γ-Fe 同素异构转变点(A₃)
H	1 495	0.09	碳在 δ 固溶体中的最大溶解度

续表

特性点	温度/℃	碳含量/(%)	特性点的含义
J	1 495	0.17	包晶点
K	727	6.69	共析渗碳体的成分点
N	1 394	0	$\gamma-Fe\leftrightarrows\delta-Fe$ 同素异构转变点（A_4）
P	727	0.0216	碳在铁素体中的最大溶解度
S	727	0.77	共析点
Q	600	0.008	碳在铁素体中的溶解度

Fe - Fe₃C 相图总结了铁碳合金的组织及性能随成分变化的规律,这就给我们根据工件的性能要求来选择金属材料和确定热加工艺提供了方便,故 Fe - Fe₃C 相图在生产实践和科学研究中具有较大的适用价值。

7.1.2 钢在加热时的转变

热处理工艺是由加热、保温和冷却三个环节组成。如果将保温看作加热的继续或充分化,那么,热处理的主要问题便可分为加热和冷却两个方面。

绝大多数钢件的热处理,首先要将钢加热到临界点以上,使其变为奥氏体组织,称之为奥氏体化。钢件在热处理后的组织和性能与加热时形成的奥氏体有很大关系,如晶粒度、成分均匀性等,因此,必须对加热过程给予重视。只有了解和掌握了化学成分、原始组织状态、加热温度、加热速度、加热时间等对奥氏体组织转变影响的规律,才能正确的制定热处理加热规范,具体分析和解决工艺中出现的问题。

以共析钢为例,奥氏体的形成过程是一个形核和长大的过程,即在母相珠光体中形成新相奥氏体晶核和晶核长大两个过程同时进行,最后全部形成奥氏体组织。一般分四步:奥氏体晶核的形成,奥氏体晶核的长大,剩余渗碳体的溶解,奥氏体的均匀化。

亚共析钢和过共析钢的奥氏体形成过程与共析钢基本相同。所不同的是亚共析钢加热到 A_{c1} 以上时,还存在一部分未溶解的铁素体,只有加热到 A_{c3} 以上时,才能获得单相奥氏体;过共析钢加热到 A_{c1} 以上时,还有部分未溶碳化物,只有加热到 A_{ccm} 以上时,才能转变为单相奥氏体。

7.1.3 钢在冷却时的转变

钢经加热、保温后,获得细小的、成份均匀的奥氏体,在冷却时要发生分解(或转变)。其转变产物决定于分解(或转变)温度,而转变温度又与冷却方式和速度有关,在热处理工艺中,通常有两种冷却方式。

1)等温冷却。将已奥氏体化的钢迅速冷却到临界点以下的给定温度进行保温,使其在该温度下发生分解(或转变),这种冷却称为等温冷却。

2)连续冷却。将已奥氏体化的钢以某种速度连续冷却,使其在临界点以下发生转变,这种冷却称为连续冷却。

图 7-2 为共析碳钢过冷奥氏体等温转变曲线图,该曲线形状与"C"字相似,故称为 C 曲线,或 TTT 图。C 曲线的下部有两条水平线,一条为过冷奥氏体转变为马氏体的开始温度线,以 Ms 表示;另一条为过冷奥氏体转变为马氏体的终了温度线,以 Mz 表示。它包括三个转变区,即珠光体型转变(高温转变)区、贝氏体型转变(中温转变)区及马氏体型转变(低温转变)区。

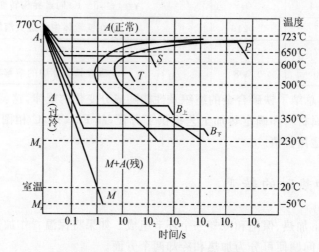

图 7-2 共析碳钢过冷奥氏体等温转变曲线图及转变产物

在生产实际中,过冷奥氏体大多是在连续冷却过程中转变的。如钢的一般淬火、正火、退火及焊接热影响区的冷却过程等。因此,必须应用和研究钢的过冷奥氏体连续冷却转变曲线。

过冷奥氏体连续冷却转变曲线图又称 CCT 图,共析碳钢的连续冷却转变曲线如图 7-3 所示,图中 P_s 线表示珠光体型转变的开始线,P_z 线表示珠光体型转变的终了线;两线之间为转变的过渡区;K 线为珠光体转变中止线,当冷却曲线碰到 K 线,过冷奥氏体就不再发生转变,而一直保留到 M_s 点以下才转变为马氏体。V_k 称为上临界冷却速度,它是得到全马氏体组织的最小冷却速度。V_k 越小,钢件在淬火时越容易得到马氏体组织,即钢接受淬火的能力越大。V_k' 称为下临界冷却速度,它是得到全珠光体组织的最大冷却速度。V_k' 越小,则退火所需时间越长。

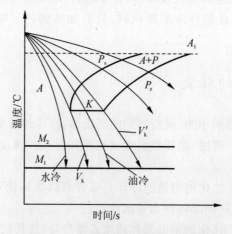

图 7-3 共析钢连续冷却转变曲线

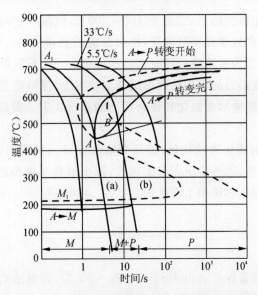

图 7 - 4 共析钢等温冷却转变曲线与连续冷却转变曲线

将共析钢的等温冷却转变曲线与连续冷却转变曲线放在同一个图中进行比较,如图 7 - 4 所示,虚线为共析碳钢的等温冷却转变曲线,实线为连续冷却转变曲线。由图上可以看出:

1)连续冷却转变曲线位于等温冷却转变曲线的右下方。这说明连续冷却时,奥氏体转变为珠光体的温度要低一些,时间要长一些;

2)连续冷却转变时,共析碳钢不形成贝氏体。即连续冷却转变曲线中无贝氏体转变区域。

连续冷却转变曲线具有较大的实际意义,可直接用于制订热处理工艺规范。但其测定比较困难,甚至有些广泛使用的钢种连续冷却转变曲线也至今未测定出来。而等温冷却转变曲线的测定比较容易,又能很好地说明连续冷却时的组织转变情况,故应用十分广泛。但应用等温冷却转变曲线分析连续冷却时的组织转变是粗略的、定性的。所以,最好应测出钢的连续冷却转变曲线,用以指导生产实际。

7.2　热处理工艺

7.2.1　退火

退火就是将金属或合金加热到适当温度、保持一定时间,然后缓慢冷却以获得接近平衡状态组织结构的热处理工艺。

退火工艺分为两类:第一类退火和第二类退火。不以组织转变或改变组织形态与分布为目的的退火工艺方法属于第一类退火,第一类退火工艺有均匀化退火、去氢退火、再结晶退火、去内应力退火。通过控制加热温度、保温时间及冷却速度来改变其组织与性能的退火统归第二类退火,第二类退火工艺有完全退火、球化退火、不完全退火、等温退火等。

固体火箭发动机常用的退火工艺方法有去内应力退火、再结晶退火、球化退火等。

去内应力退火是将工件加热至 A_{c1} 以下 $100\sim200℃$,保温一定时间,缓慢冷却到 $500℃$ 以下再空冷,或为了提高生产效率经实践验证,也可保温后直接空冷。温度越高,消除应力越充分,退火时间越短。主要是为了消除焊接时造成的残余应力及旋压最终道次的残余应力。

再结晶退火是经冷变形后的钢加热到再结晶温度以上,保持适当时间,使形变晶粒重新结晶为均匀的等轴晶粒,以消除形变强化和残余应力的退火工艺。旋压圆筒道次间退火均属于再结晶退火。

球化退火是使钢中的碳化物球状化,加热到略高于 A_{c1}、长时间保温后缓冷到小于 $500℃$ 空冷。可以提高塑性、韧性、改善旋压成形工艺性,减少最终热处理的变形开裂倾向。球化退火主要用于旋压圆筒及旋压芯模用工模具钢。

7.2.2　正火

正火是将工件加热到临界点 $A_{c1}(A_{cm})$ 以上 $30\sim50℃$,保温适当时间后,在空气冷却,得到含有珠光体的均匀组织。其目的是使锻件、焊接件粗大而不均匀的组织得到改善,使钢的机械性能有所提高,改善锻铸件组织,细化晶粒,为后续热处理准备适宜的组织或作为最终热处理。固体火箭发动机所有锻件锻后一般都要进行正火或正火+回火处理。

低碳钢的预先热处理,一般不宜采用退火处理,而常用正火处理。正火和退火都能达到性能要求时,截面小、形状不复杂的工件采用正火;截面大、形状复杂的工件采用退火。

7.2.3　淬火

淬火是将钢加热到 $A_{c3}(A_{c1})$ 以上某一温度,保持一定时间,然后快速冷却获得马氏体(或贝氏体+马氏体)的一种热处理工艺。淬火的目的一般是使钢的显微组织由常温的珠光体经加热先转变为奥氏体,经快速冷却再转变成马氏体,为随后的回火作好组织上的准备。此时的钢硬度高,脆性高,内应力也高,必须进行回火。这是因为结构钢都是亚共析钢,其淬火组织应是细小的马氏体和少量残余奥氏体,经过回火方能得到良好的综合机械性能。

一般碳素结构钢的淬火加热温度为 A_{c3} 以上 $30\sim50℃$。合金钢的淬火加热温度不能简单套用碳素钢的计算方法,需要根据性能要求通过试验确定。结构钢常用的淬火温度在一般热处理手册中都能查到。为确定淬火加热时间和保温时间,需要考虑加热介质、钢的成分、工件形状和装炉方式、装炉量等因素,在实际生产中通常采用经验公式计算工艺时间。

工件淬火要求获得马氏体和贝氏体组织,达到预期性能,又要使淬火应力最小以减少工件变形和避免开裂。为此,需要根据钢的材料牌号、性能要求、工件形状和淬火冷却方法选择适宜的冷却介质。常用的冷却介质有水、盐水、碱水、有机高分子聚合物水溶液、油、熔盐、熔碱、熔融金属及空气等。

淬火方法很多,主要有单液淬火、双液淬火、分级淬火、等温淬火、预冷淬火等。最常用的淬火方法是单液淬火法,即将工件加热后,直接在淬火介质中冷却。单液淬火时,由于工件表面与中心的温差比较大,造成的热应力和组织力也比较大。这种方法适用于无尖锐棱角,截面无突变的简单形状零件。

双液淬火法是把加热好的工件先淬火入冷却能力强的淬火介质中,当冷却到一定温度或冷却一定时间后,再把工件取出放入冷却能力较小的淬火介质中快冷。双液淬火通常先水淬后油冷,所以又叫"水淬油冷法",它适用于中、高碳钢零件和合金钢大型零件。

分级淬火法是把奥氏体化的工件淬火略高于马氏体转变开始温度 M_s 的硝盐浴、碱浴或热油中并保持一定时间,待工件温度与热浴温度基本一致,然后在缓冷条件下使过冷奥氏体转变成马氏体。

等温淬火法是把奥氏体化的工件淬入贝氏体转变温度区(略高于 M_s)的介质中,保温进行下贝氏体转变,相变后空冷。通常称为贝氏体等温淬火。这种工艺适用于合金钢、碳含量大于 0.6％的碳钢工件。它能使钢获得良好的综合性能,一般其断面收缩率可提高 10％～15％,韧性可提高 50％～100％。例如,对中碳合金结构钢采用等温淬火,可以达到甚至超过调质处理后的性能。对于具有回火脆性的钢,采用等温淬火更能体现高韧性特点。由于工件等温淬火在热浴中进行,冷却速度较慢,因此工件尺寸有所限制。

预冷淬火法是把奥氏体化工件自炉中取出,先预冷一定时间使工件温度适当降低,再放入淬火介质中进行冷却。预冷一般在空气中进行。

固体火箭发动机金属壳体及喷管金属件一般采用单液淬火法,30CrMnSiNi2A 螺栓一般采用等温淬火法。

7.2.4　回火

除等温淬火外,工件淬火后均应回火。其目的是消除淬火产生残余应力以防止裂纹的产生,提高材料的塑性、韧性并获得良好的综合力学性能以满足工件使用性能要求,稳定工件尺寸,使钢的组织在工件使用过程中不发生变化。

回火主要有低温回火、中温回火和高温回火三种。

150～250℃回火称低温回火。其目的是降低淬火应力,减少钢的脆性并保持钢的高硬度。低温回火所得组织为回火马氏体,其保温时间一般长些。350～500℃回火称为中温回火。其目的是获得高弹性极限和高韧性,回火组织为屈氏体,中温回火主要用于各种弹簧热处理。500～600℃回火称高温回火,其目的是获得具有良好的强度、硬度和韧性的综合性能,回火组织为回火索氏体,高温回火主要用于各种结构钢工件。

回火温度需根据对工件的性能要求(如硬度、强度、冲击韧性、塑性等)确定。生产中大多以工件的硬度确定回火温度。通常是采用经验公式计算或是从各种钢材的回火温度－硬度关系曲线(或表格)查找。回火时间一般根据工件尺寸、装炉量、材料牌号、硬度以及所选用的回火温度确定。其基本要求是保证工件热透并使组织充分转变。

淬火钢回火时,许多钢种在温度升高过程中会出现两次冲击韧性明显降低的现象,即回火脆性。淬成马氏体的钢要防止发生于 250～400℃回火温度区的不可逆性回火脆性;锰钢、铬钢、铬－锰钢、铬－镍钢要防止发生于 450～650℃回火温度区的可逆性回火脆性。

壳体回火温度主要依据壳体的力学性能指标、所用设备类型、壳体壁厚,参照以往经验确定。

7.2.5　调质处理

淬火后高温回火工艺又称为调质处理,主要用于各种调质钢工件。由于处理后得到细致、均匀的回火索氏体,有时也将它作为一种预备热处理。调质后工件的硬度为28～33HRC便于机械加工并改善工件的表面粗糙度。调质处理的钢件具有良好的综合性能。调质处理是调质钢的最终热处理。合金结构钢,特别是锰钢、铬-锰钢、铬-锰-硅钢、铬-镍钢要注意防止回火脆性,回火后应油冷或水冷。

7.2.6　时效

时效可以看作是回火的特殊形式。不需要任何加热而仅靠长时间保存,改变自己的性质以及形状尺寸的现象,称为自然时效。自然时效进行的比较缓慢,有时需要几年才能完成,因此在工厂常有人工时效。

人工时效就是将工件加热到较低的温度,较长时间的保温,在缓慢冷却到室温,而使性能和尺寸发生变化。很显然,就淬火钢来说,人工时效与低温回火实际上是相同的。不过一般对于回火的概念总是与硬度降低相联系,而时效反而使硬度增高。时效的保温时间,应根据工件的尺寸大小、工件精密度的要求等,可采用2～20 h不等。

7.3　热处理设备

热处理设备是指用于实施热处理工艺的装备,此外还有维持热处理生产所需的燃料、电力、水、气等动力供应设备,起重运输设备和生产安全及环保设备。

本节主要介绍固体火箭发动机常用的热处理设备,一般为电加热电阻炉,主要有箱式炉、井式炉、台车炉、盐浴炉、密封箱式多用炉生产线、联合井式电炉机组、真空油淬炉机组等,下面做一简要介绍。

7.3.1　箱式炉

1. 结构

普通箱式电阻炉是一个单一炉膛,炉前端有一个炉门的炉子。这类炉子的炉料一般在空气介质中加热,无装出料机械化装置。图7-5所示为中温箱式电阻炉结构图。

2. 用途

箱式电阻炉主要用于喷管金属件、发动机直属件、水压工装的淬火。

3. 优缺点

箱式炉具有许多优点:结构简单价格低;具有较高的温度均匀性;较高的热效率;易于实现温度和工艺过程的自动控制。其主要缺点:中温和高温加热时氧化和脱碳严重,人工装工件和出工件时劳动强度大。

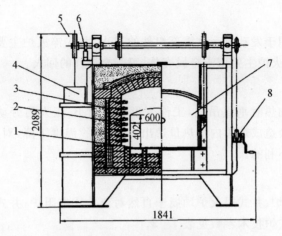

图 7 - 5　45kW 中温箱式电阻炉

1—炉底板；2—电热元件；3—炉衬；4—配重；5—炉门升降机构；6—限位开关；7—炉门；8—链轮

4. 技术参数

常用箱式电阻炉技术参数见表 7 - 2。

表 7 - 2　箱式炉技术参数

名称	型号	炉膛尺寸	额定功率	最高温度	炉温均匀性
		mm	kW	℃	℃
红外箱式电阻炉	RHX - 75 - 9	1 800×900×650	75	950	±10
箱形电阻炉	RJX - 70 - 12	1 300×650×400	70	1200	±10

7.3.2　井式炉

井式炉主要有自然对流井式电阻炉、强迫对流井式电阻炉等。自然对流井式电阻炉为井式炉膛，且炉内不设风扇；而强迫对流井式电阻炉为带风扇强制气流循环的低温井式电阻炉。

1. 结构

井式炉一般由炉架炉壳、炉盖及提升机构、炉衬、电热元件、风扇循环装置等组成（见图 7 - 6）。为了获得良好的炉温均匀性，炉子根据炉膛容积分为不同的区段，一般最上和最下的区段功率稍

图 7 - 6　800kW 井式退火炉

大些。图 7 - 6 所示为 800kW 井式退火炉。

2. 用途

井式退火炉主要用于发动机壳体零部组件的退火,井式淬火炉主要用于小型发动机壳体的退火或淬火,井式回火炉主要用于金属壳体、喷管金属件的回火。

3. 优缺点

井式炉的优点是加热时垂直吊挂,工件变形相对较小,工人的劳动强度相对于箱式炉较小。缺点是打开炉盖会造成炉膛内的热量逸出,导致炉膛温度下降,对工艺时间较短、需频繁开启炉盖的热处理是不利的。

4. 技术参数

一般的,井式淬火炉、井式退火炉均属于自然对流井式电阻炉;井式回火炉属于强迫对流井式电阻炉。车间井式炉技术参数见表 7 - 3。

表 7 - 3 井式电阻炉技术参数

名称	型号	炉膛尺寸 mm	额定功率 kW	最高温度 ℃	炉温均匀性 ℃
井式淬火炉	RJ2 - 125 - 9	$\phi 1\,000 \times 1\,800$	125	950	±10
井式退火炉	RJJ - 800 - 9	$\phi 3\,300 \times 6\,100$	800	900	±10
井式回火炉	RJJ - 75 - 6	$\phi 750 \times 800$	75	650	±10
铝合金固溶时效炉	LAT - RJ - 65	$\phi 1\,200 \times 1\,800$	140	650	±5

7.3.3 台车炉

1. 结构

这类炉子的炉底为一个可移动台车的箱式电阻炉,图 7 - 7 所示为台车炉的结构。

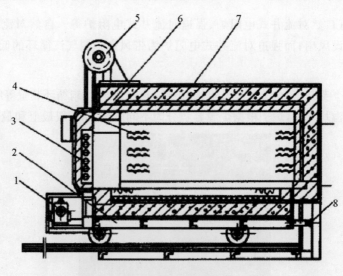

图 7 - 7 台车炉结构

1—台车驱动机构;2—台车;3—炉门;4—加热元件;5—炉门机构;6—炉衬;7—炉壳;8—台车接线板

2. 用途

台车炉主要用于发动机壳体旋压圆筒毛坯的球化退火、封头、封头体、裙框等去应力退火。

3. 优缺点

台车炉优点是产品装卸方便,缺点是炉温均匀性稍差些,对于大件产品到温出炉时炙烤操作人员。

4. 技术参数

台车炉技术参数见表 7-4。

表 7-4 台车炉技术参数

名称	型号	炉膛尺寸 mm	额定功率 kW	最高温度 ℃	炉温均匀性 ℃
台车炉	SL64-10	3 500×1 500×980	315	950	±10
台车炉	RJX-100-8	1 800×900×600	100	850	±10

7.3.4 盐浴炉

1. 结构

盐浴炉按温度划分为低、中、高温浴炉。一般硝盐浴炉为外部电加热浴炉,中温盐炉和高温盐炉均为电极加热浴炉;依电极浸入盐液的方式,电极浴炉分为插入式和埋入式两种。图 7-8 所示为插入式电极盐浴炉。

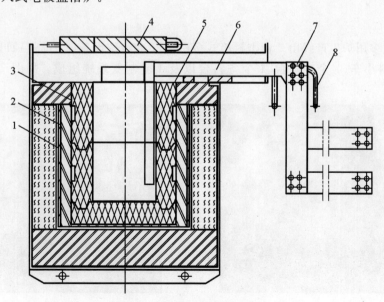

图 7-8 插入式电极盐浴炉

1—钢板槽;2—炉膛;3—浴槽;4—炉盖;5—电极;6—电极柄;7—汇流板;8—冷却水管

2. 用途

高温盐浴炉主要用于超高强度钢用自制刀具的热处理，中温盐浴炉和硝盐炉主要用于螺栓的等温淬火。

3. 优缺点

优点是工件在盐浴中加热，与空气隔绝，少无氧化脱碳；此外交流电流通过电极和电极间熔盐是产生较强的电磁力，驱使熔盐在电极附近循环流动，盐浴炉的炉温均匀性好，工件质量一致性好。缺点是所使用的盐，尤其是氯化钡有毒，对人体造成伤害，对环境造成污染，为航天限用工艺。

4. 技术参数

盐浴炉技术参数见表 7-5。

表 7-5　盐浴炉技术参数

名称	型号	炉膛尺寸 mm	额定功率 kW	最高温度 ℃	盐浴成分	炉温均匀性 ℃
高温盐炉	RYD75-13	150×200×400	75	1300	100%BaCl2	±10
中温盐炉	RYD73-9	300×350×600	75	950	80%BaCl2+20%NaCl	±10
硝盐炉	RYG30-5	400×400×600	30	500	50%KNO3+50NaNO2	±10

7.3.5　密封箱式多用炉生产线

1. 结构

密封箱式多用炉生产线由 2 台密封箱式多用炉、1 台清洗设备、2 台高温回火炉、1 个清洗水槽、1 架装料小车、1 个升降台、1 个备料台以及 1 套制氮系统组成。如图 7-9 和 7-10 所示。

图 7-9　密封箱式多用炉生产线　　　　　图 7-10　制氮系统

2. 用途

密封箱式多用炉生产线主要用于旋压圆筒的道次间退火及喷管金属件的调质处理。

3. 优缺点

优点是自动化程度高,炉温均匀性好,产品的质量一致性好,工人的劳动强度低,环境污染小。缺点是无氢氮基气氛制气时间长,添加制气原料比较麻烦。

4. 技术参数

密封箱式多用炉生产线技术参数见表7-6。

表7-6 密封箱式多用炉生产线技术参数

名称	型号	炉膛尺寸	额定功率	最高温度	炉温均匀性
		mm	kW	℃	℃
箱式多用炉	VKEs5/2B	1 500×1 250×1 050	300	950	±10
高温回火炉	KEs5/2B	1 500×1 250×1 050	110	750	±10
清洗机	REKET5/2B	1 500×1 250×1 050	100	90	-
冷却水槽	KEs5/2B	1 500×1 250×1 050	2	90	-

7.3.6 联合井式电炉机组

1. 结构

联合井式电炉机组一般由由预热炉、淬火炉、回火炉、运行车、淬火油槽、清洗槽、冷却坑及温度控制系统等组成,如图7-11所示。

2. 用途

联合井式电炉机组主要用于固体火箭发动机金属壳体的退火、淬火+回火。

3. 优缺点

优点是金属壳体垂直吊挂,淬火转移时间短,金属壳体的变形和力学性能便于控制,此外可实现连续生产,半自动化作业水平。缺点是机组的功率很大,因此耗能大。

图7-11 联合井式电炉机组

7.3.7 真空油淬炉机组

1. 结构

真空油淬炉机组由 1 台立式真空油淬炉、1 台真空回火炉、1 个冲洗槽、1 个清洗槽、1 个烘干槽、1 个油槽、1 个空冷槽、1 套供电系统、1 套水冷机组、1 套液氮系统等部分组成。

2. 用途

主要用于战术型号发动机技术壳体的退火、淬火＋回火。

3. 优缺点

优点是无氧化、无脱碳、脱气、脱脂、表面质量好、变形微小、热处理零件综合力学性能优异、使用寿命长、无污染、无公害、自动化程度高等一系列突出优点；缺点是真空油淬炉无中间室，恐油蒸气污染加热室，此外，装炉量较小，应用到民用产品上受到一定的限制。

4. 技术参数

真空油淬炉机组相关参数见表 7-7。

表 7-7 真空油淬炉机组技术参数

名称	型号	炉膛尺寸 mm	额定功率 kW	最高温度 ℃	极限真空度 Pa	炉温均匀性 ℃
真空油淬炉	YBT	φ950×4 000	430	1000	$1×10^{-1}$	±8
真空回火炉	YBT	φ950×4 000	400	700	$1×10^{-1}$	±5

7.4 典型产品的热处理

7.4.1 金属壳体的热处理

1. 概述

固体火箭发动机金属壳体最常用的两种材料为 30CrMnSiA 和 D406A 钢，一般钣焊成型或旋压焊接成型。金属壳体的热处理主要指壳体及其零部组件的退火、壳体调质。

壳体零部组件如封头、裙框、前（后）封头体等焊后退火一般在台车炉或井式退火炉进行；旋压圆筒退火一般在气氛炉中进行；焊接圆筒、壳体部分或整体通常在大型井式退火炉进行；旋压圆筒道次间退火一般选用 700～720℃，壳体退火一般选用 650～680℃，按工艺文件执行即可。

小型壳体调质一般在气氛炉中进行；长度不大于 1 500 mm 的壳体一般在井式淬火炉、井式回火炉中进行；大型壳体调质一般在联合井式电炉机组中进行。

2. 选用联合井式电炉机组的优点

大型壳体调质一般选用联合井式电炉机组,主要是考虑到以下两点:

1)防止变形。壳体一般为薄壁圆筒件,加热时垂直吊挂可减少变形;此外壳体在预热炉中预热,可减少热应力。

2)保证强度。壳体淬火时,淬火炉移至油槽上方,淬火炉炉门一打开,壳体即淬入油中,淬火转移时间短,避免壳体在空气中裸露时间过长、温度降低过多而影响性能。

3)可连续生产。因该机组为一条生产线,不会因设备冲突造成停产,可实现连续生产。

3. 壳体淬火＋回火流程

大型壳体在联合井式电炉机组进行淬火＋回火,通过翻转架实现壳体水平位和竖直位的转变,在淬火炉内通过卷扬机构实现壳体的升降,在炉外通过行车实现壳体的移位,随炉试片通过专用工装分区悬挂在壳体外表面。流程如下:

壳体(水平位)—翻转(竖直位)—装卡吊具、试片—装入预热炉—淬火炉移至预热炉上方—壳体提入淬火炉—淬火炉移至油槽上方—淬火—清洗—水洗—回火—水冷或空冷—拆卸吊具、试片—翻转(水平位)—检测硬度—装车转入下工序。

4. 涂料保护

有的壳体筒壁较薄,有的壳体力学性能设计指标较高,有的壳体后续氧化皮清理较难,壳体在普通空气炉中淬火时,一般壳体外表面喷涂热处理保护涂料,以减少氧化脱碳对力学性能的影响,改善表观质量。

喷涂热处理保护涂料时,应注意以下几点:

1)涂料入厂应复验,应符合国家标准,在加热过程中不应有元素渗入壳体表面,也不应造成壳体元素贫化。

2)涂料应搅拌均匀,黏度适合刷涂或喷涂。

3)壳体表面应清理干净,并用酒精等擦拭干净。

4)最好采用高压无气喷涂设备进行喷涂。

5)喷涂次数一般 2~3 次为宜,前一道次基本干后再进行下一道次喷涂。

6)涂层厚度一般 60~120 μm 为宜,太薄不易剥落,太厚容易龟裂。

7)涂层采用自然干燥或烘干方式进行,在湿度大的季节或寒冷季节建议采用烘干的方式。

8)在装卡壳体时,若涂层脱落应及时进行补涂。

9)热处理后残留涂层应采取适当方式清理干净。

5. 壳体淬火＋回火质量控制要点

壳体淬火＋回火不仅要控制力学性能满足设计要求,还要严格控制变形,使壳体热处理变形满足工艺要求,此外还需注意清理残留物,防止壳体表面磕碰伤。质量控制要点如下:

(1)壳体淬火＋回火

壳体淬火＋回火是关键工序,淬火前设有停止点,复查壳体表观质量、质量跟踪卡、无损探伤底片等,无误后方可进行。

(2)控"性"措施

1)壳体调质前查阅壳体复验含碳量及力学性能值,查阅以往相同壳体的热处理参数-壳体含碳量-力学性能值。

2)壳体调质前用试片进行热处理模拟试验,以确定壳体具体参数,确保壳体调质一次成功。

3)对于凉炉,空炉保温 2 h,提高炉温均匀性。

4)严格控制淬火保温时间。

5)入油前淬火油进行搅拌,确保冷却均匀。

(3)控"形"措施

1)旋压圆筒带模胎热整形退火,保证圆筒圆度和直线度。

2)壳体退火、淬火＋回火时垂直吊挂,工艺环内圈增加加强环,确保壳体吊挂受力均匀。

3)壳体增加预热工序,减少壳体热应力。

4)淬火时壳体大开口端(后接头)向下,减少浮力对壳体产生的摆动。

(4)其他方面

1)壳体淬火时,操作与指挥要配合默契,下降过程速度保持恒定,落下时速度要小以减轻对负载圈的冲击力,壳体越重,落下速度越要小。

2)离合子与离合母脱落时,操作者应严格按指挥者手势进行正确操作,离合子脱落上升速度一定要小,防止离合子与离合母未完全脱落引发的安全事故。

3)壳体回火水冷后,应将壳体里面残留的水清理干净,以免生锈。

4)壳体装卸应防止表面磕碰伤,并注意电缆块位置,防止运输途中壳体窜动磕伤电缆块。

6. 举例

某壳体用钢为 30CrMnSiA,圆筒段壁厚为 4 mm,力学性能用随炉试片检测。该壳体组焊成整体后,先进行去应力退火,垂直吊挂,退火温度为 650℃±10℃,保温 80～100min,空冷;在大型联合井式电炉中进行调质处理:需保证壳体垂直吊挂,先在预热炉中进行预热,预热温度为 650℃±10℃保温一段时间;然后提入淬火炉中,保温温度为 880～900℃保温一段时间,油淬,油温 20～70℃,油中停留时间 40～60min,以降低离合母温度,防止工装温度过高对回火炉温度造成冲击;然后在清水槽中清洗,减少回火时油烟;在回火炉中进行回火,保温 90～100min,水冷。

7.4.2　增强件的热处理

1. 概述

喷管金属件除个别采用 D406A 钢外,一般采用 30CrMnSiA 钢;主要为增强件、前法兰、后法兰等,一般属盘环类,壁薄易变形,需调质处理,为了减少变形一般在气氛炉中进行,也可在箱式炉或井式炉中进行,但要采取防变形措施。

2. 工艺流程

下面以增强件为例简要介绍工艺流程:

锻件—粗加工—调质—半精加工—时效—半精加工—时效—精加工—入库。

3. 喷管调质质量控制要点

1)喷管金属件的调质应特别注意变形的控制,装炉时应将较厚的法兰端放在下面,底部垫平。

2)中检硬度,坚持"宁可二次回火,不愿二次调质"原则,因为回火次数不限,二次调质工艺有所限制,调质前首先要退火,因此二次调质的风险较大,还浪费电能、延长生产周期。

3)二次调质前一定要查清原因,不可盲目进行二次调质,否则有产品报废的风险。

4. 举例

增强件为 30CrMnSiA,粗车后工作部位壁厚为 δ_1(单位:mm),为减少变形,防止磕碰,采用氮基气氛保护箱式多用炉进行奥氏体化保温,为提高生产效率,淬火时采用到温装炉方式,在 880～900℃ 保温 55～70 min,油淬,油温 20～80℃,淬火后中检硬度,以便确定回火温度,淬火后至回火间隔为不大于 2 h;在氮基气氛保护高温回火炉中进行回火,在 520±30℃ 保温 75～100 min,为消除第二回火脆性,采用水冷。调质后进行半精车,壁厚车至 δ_2(单位:mm),为消除应力,稳定尺寸,进行第一次人工时效,时效温度为 230℃±10℃ 保温 470～490 min,空冷;再精车至壁厚 4.4 mm,进行第二次人工时效,时效温度为 180℃±10℃ 保温 710～730 min,空冷。

7.4.3 螺栓的热处理

1. 概述

目前发动机螺栓用钢主要为 30CrMnSiNi2A,设计要求等温淬火,逐件进行硬度检测 HRC43～48,力学性能(略)用随炉试样进行测试。

2. 螺栓等温淬火流程

接收螺栓—捆扎成串—中温盐炉奥氏体化—硝盐炉等温淬火—热水烫洗—加工随炉试样—测试力学性能—磨螺栓端面—检测硬度—液体吹砂—涂油—下转磁粉探伤。

3. 螺栓等温淬火质量控制要点

1)绑扎螺栓时,控制每串数量;绑扎应牢固,防止掉到盐浴炉内。

2)等温温度需要根据螺栓的含碳量来确定。

3)应控制好生产节奏,严格控制硝盐炉温度,防止温度过高或搅拌不及时,盐浴流动性差造成的性能不合格。

4)随炉试样应分开绑在不同串中,以便能真实反映每批次螺栓前、中、后过程的质量情况。

5)在高温高湿季节,螺栓检测硬度应在 1～2 天内完成,防止放置时间过长,残留盐渍腐蚀螺栓表面。

4. 举例

螺栓等温淬火在盐浴炉中进行,先在中温盐炉 900℃ 保温数分钟,然后快速转移到 300～330℃ 的硝盐炉中保温 60 min,保温结束热水烫洗。

7.5　热处理质量控制技术

7.5.1　影响产品热处理质量的主要因素

影响产品热处理质量的主要因素包括人、机、料、法、环、测等方面。

热处理工、仪表工、检验工,必须经过培训和考核,方可上岗操作。

热处理设备和仪表必须正确配置和选用。各种热处理炉必须具有足够的控温精度和炉温均匀性,并配有可靠的温度控制系统和显示记录仪表,两者均应定期检定;淬火油(水)槽和清洗槽的配置与管理应符合工艺要求。

产品的材料成分、内部质量及外观质量对热处理质量有很大影响,同时还应重视淬火介质、保护气体、保护涂料等工艺辅料的作用。热处理所用材料,必须做到符合标准、定点供应、入厂复验、具有质量可追溯性。

热处理工艺准备要提前到设计阶段,协助设计人员合理选材和规定性能指标,改进零件结构形状设计。在产品工艺流程中,合理安排热处理工序。通过工艺分析,在工艺文件中明确热处理操作工艺要求和检验方法,确定热处理工序分工,合理选用热处理设备,对产品的工装及装炉方式作出规定。

热处理厂房要有足够的跨度和高度。厂房应通风良好,除尘排烟设施运行有效。厂房的照明、温度、噪声、布局与物品定置都应符合规范要求,确保产品质量和安全生产。

热处理现场应配置必要的硬度计等检验设备。

7.5.2　热处理设备的质量技术要求

热处理炉有效加热区的温度均匀性必须满足工艺的控制要求。加热炉应具有足够的功率满足升温速度的要求,并确保加热炉具有足够的炉温恢复能力。需要选配适宜的温度测量仪表,使之与最高工作温度和控温精度要求相适应,以确保温度的真实性、可靠性和稳定性。

冷却设备的冷却容量应与被冷却工件的总质量(重量)相适应,冷却槽的长、宽、深必须与冷却工件的尺寸相适应,必要时加装机械搅拌装置,以使冷却均匀。当淬火液温度有明确的工艺要求时,应为冷却设备加装加热和(或)冷却装置,对水溶性有机淬火剂、油淬火剂和盐水的温度进行调节,以保证冷却效果,并且防止油类淬火剂温度过高可能引起的燃烧。冷却用油、盐水或有机淬火剂的成分和物理化学性能应满足规定要求。冷却设备的放置位置应确保达到工件转移允许时间的要求。

温度控制、指示、记录仪表(统称一次仪表)和补偿导线、电子电位差计(统称二次仪表)精度应满足工艺要求,按配套要求使用。车间工作环境必须符合温度控制仪表的使用要求,炉内的热电偶必须适应炉内气氛要求。通常气氛检测仪表包括碳势仪、氮势仪表、氢分析仪表、氧分析仪表等。上述各类仪表都应经过检定校正并在合格周期内。

7.5.3　热处理质量控制周期检定项目

1. 炉温均匀性

热处理炉有效加热区是指热处理炉炉膛内满足热处理工艺要求的允许装料区。工件应放置于加热炉的有效加热区进行加热,当炉温均匀度经测试不能满足要求时,可将原有的有效加热区予以调整。

QJ1428—88《热处理炉温控制与测量》规定了热处理用炉的炉温精度控制与炉温均匀性的要求,标准把加热炉分为7类,温度均匀度由0类的±1.5℃到Ⅵ类的±25℃;控温精度由

0 类的 ±0.5℃ 到 VI 类的 ±10℃,见表 7-8。

表 7-8 热处理炉按保温精度分类及其技术要求

热处理炉类别	有效加热区保温精度/℃	控温精度/℃	记录指示不低于/(%)
0	±1.5	±0.5	-
I	±3	±1	0.2
II	±5	±1.5	0.5
III	±10	±5	0.5
IV	±15	±8	0.5
V	±20	±10	0.5
VI	±25	±10	0.5

在下列条件下,要进行有效加热区的测定。

1) 新添置的热处理炉首次应用于生产。

2) 经过大修或技术改造的热处理炉。

3) 热处理炉生产对象或工艺变更,需要改变保温精度时。

4) 控温或记录热电偶位置变更时。

5) 定期或临时进行有效加热区检测时。

一般检测采用空载试验,特殊要求时可以装载试验,不得升到高于检测温度后再降到检测温度。检测装置有热电偶、补偿导线、检测仪表、转换开关和测温架。

其中检测仪表的精度应高于或等于热处理炉所使用的仪表精度等级,并且具有在有效日期内的检定合格证,可以使用 UJ 便携式电位差计、数显测温仪,多点记录仪或多点巡回检测仪表。转换开关具有 3 min 内准确转换全部监测点能力,但不应产生附加电动势。用来固定热电偶的支架或料筐可用耐热合金、不锈钢、或低碳钢管(棒)焊成,其形状和大小随热处理炉有效加热区及测量方法而定,一般离炉门 200 mm,离炉底 100 mm。

热处理炉温均匀性检定周期为 II 级炉每年检测一次,III 级、IV 级炉每两年检测一次。

2. 热电偶

为满足温度控制的要求,必须选配合适的热电偶。

热电偶是由两根不同成分的均匀金属丝组成,它们一端焊接在一起,称为测量端(热端),另一端分别接到测量仪表电路中,称为参比端(冷端),测量端随温度变化产生不同的热电势,以 mV 信号输出,其值正比于测量端与参比段的温差,mV 值与电阻丝的材料有关,与丝的直径和长度无关。

所选用热电偶应符合相应国家标准和行业标准,具体如下:

· GB/T2614—1986《镍铬-镍硅热电偶丝及分度表》

· GB/T2903—1982《铜-康铜热电偶丝及分度表》

· GB/T3772—1986《铂铑 10-铂热电偶丝及分度表》

· GB/T4993—1985《镍铬-考铜热电偶丝及分度表》

· GB/T16839.1—1997《热电偶第一部分:分度表》

· ZB Y300—1985《工业热电偶分度表与允差》

· ZB Y301—1985《铂热电阻》

加热炉应配置两支以上热电偶,分别与温度自动控制仪表和温度指示记录仪表连接。当采用两支热电偶时,其中应有一支与报警器相接,两支热电偶的热端间距应尽可能缩短(例如不超过 76 mm)。

最常用的热电偶为 K 型(镍铬-镍铝)热电偶,它由热电偶元件、保护管接线盒和安装固定装置组成。分度号 K,型号 WRN,材料正极镍铬,负极镍铝,使用温度范围 0~1 300℃。

K 型热电偶优点是热电势较大,近似线性;灵敏度高,稳定性和均匀性较好;价格便宜。它的补偿导线:正极为铜(KPC)、负极为康铜(KNC)。

在使用热电偶中应经常检查热电极和保护管情况,此外还应注意以下几点:

1)补偿导线和热电偶应配套使用,极性不能接反;

2)热电偶必须定期送检校验;

3)热电偶应装在温度较均匀且能代表工件温度的地方;

4)热电偶安装位置尽可能避开强磁场和电场;

5)热电偶插入炉膛深度一般最少不小于热电偶保护管外径 8~10 倍,且尽可能靠近加热工件;

6)热电偶的接线盒不应靠在炉壁上,以免冷端温度过高;

7)热电偶保护管与炉壁之间的空隙,须用耐火泥或者石棉绳堵严,以免影响测温准确性;

8)热电偶保护管和偶尽量垂直,防止高温下变形;

9)在低温测量中,为减少热电偶的热惯性,采用保护管开口或无保护管热电偶。

热电偶应周期检定,一般为 6 个月。

由于热电偶接线盒与监测点之间的长度有限,热电偶的冷端距离被检测对象较近,冷端会受到被测对象温度及环境温度变化的影响,使其温度发生变化,如热电偶做得很长,不方便也不经济,所以用一种导线将热电偶冷端延伸出来,这种导线是由两种不同金属材料制成,在一定温度范围内(100℃以下)与所连接的热电偶具有相同或者十分接近的热电特性,而且材料较为廉价,这种导线就叫补偿导线。

3. 显示仪表

显示仪表按显示方法的不同可分为模拟量显示仪表、数字量显示仪表、屏幕显示装置。目前最常用的是数字式仪表,具有测量、显示、调节功能。

B 类仪表应周期检定,一般为 12 个月。

4. 淬火油

热处理用淬火油分普通机械油和专用淬火油等。淬火用油入厂必须复验合格后方可添加使用,在使用过程中应周期检定,一般每年检定一次;若添加新油,添加后也应及时检定,检定合格后方可使用。检定项目有开口闪点、运动黏度、酸值和水分等。

7.6 先进热处理技术及其展望

热处理行业属传统制造业范畴。航天产品热处理技术随着计算机技术与现代管理技术的融入,生产方式由小批量到大批量及产品由单品种到多品种变化,正在实现由传统技术向先进制造技术的转变。

　　先进热处理技术所覆盖的技术领域宽,包含热处理工艺、设备、材料、管理;涉及计算机技术、信息技术、自动控制技术、节能降耗技术、新材料技术、现代管理技术与绿色环保技术。它所追求的是热处理生产的优质、高效、低耗、环保、清洁与灵活性。

　　先进热处理技术作为一项系统工程,与传统热处理相比,它更注重技术与管理、专业化与计算机自动控制、社会效益与经济效益的结合,并追求热处理生产过程整体效益的最大化。先进热处理技术的目标是无(少)氧化、无(少)变形、无(少)废品、无(少)污染、无(少)浪费。

　　先进热处理技术大致包括:①热处理自动控制技术;②真空热处理技术;③可控气氛热处理技术;④高能密度热处理技术;⑤表面改性技术;⑥热处理工艺计算机辅助设计技术;⑦热处理清洁生产技术;⑧热处理精益生产技术。

　　对于大型金属壳体热处理,可采用氮基气氛保护,实现少无氧化热处理,结合计算机模拟技术,进行性能预估、变形预判,从而进行精确控制,逐渐替代通过随炉试片进行热处理工艺参数模拟的现状。

　　对于小型金属壳体热处理,若材料的淬透性一般,可采用真空油淬技术;若材料的淬透性好,可采用真空高压气淬技术。这两者都可达到无氧化、无脱碳、保持表面光亮、无污染,减少真空热处理畸变,提高工件热处理表面质量,便于连续性自动化生产。

　　对于发动机用螺栓,可采用真空等温淬火技术,淘汰污染环境的盐浴热处理,简化工序,提高产品质量的一致性,提高生产效率。

　　下面仅对真空高压气淬技术做一简要介绍。

　　真空气淬充分体现了真空热处理的特点,不但可以实现与机加工生产柔性联线,还可免除淬火后的清洗。其缺点是冷却能力不足,仅适用于薄壁小件。提高真空气冷的冷却能力,是真空气淬工艺发展的核心。

　　真空气淬的冷速与冷却气体种类、气体压力、流速、炉子结构及装炉状况有关。可供选择的冷却气体有氩气、氦气、氢气和氮,其导热系数比 $\lambda_{H_2}:\lambda_{He}:\lambda_{N_2}:\lambda_{Ar}=2.2:1.7:1:0.7$,从安全及成本方面考虑,$N_2$ 是应用最广泛的冷却气体,使用 He 作为冷却气体,由于其价格昂贵,需要对其进行回收。研究表明,80%He+20%N_2 混合气体具有最佳的冷却性价比;法国 ECM 公司研究并提出采用二氧化碳+氦气,可以提高冷却速度,以(20%～40%)CO_2+(80%～60%)He 混合气体冷却速度最佳。而 He 及其他气淬气体的回收再生技术则是今后需予研究的一个课题,以利气淬技术的推广使用。

　　增加冷却气体压力或流速具有相同的提高冷却效果,但是冷却气体压力和流速的增加对冷却风扇电机功率的需求却不同,压力提高 2 倍时,风机功率也要求提高 2 倍;而流速提高 2 倍,风机功率却必须提高 8 倍,由此可见,提高冷却气体的压力是比较经济的。

　　气体热传递能力与压力呈指数规律,在开始几个巴的压力内热传递随压力的增高而迅速增大,但此增大随着压力的继续增加而减小。对高压气冷速度试验结果显示,从 1200℃ 冷却到 550℃ 的情况下,当压力从 1×10^5 Pa 增加到 2×10^5 Pa 时,冷却时间从 120 s 减少到 60 s,但当压力从 4×10^5 Pa 增加到 5×10^5 Pa 时,冷却时间从 30 s 减少到 24 s,$W_6Mo_5Cr_4V_2$ 钢 $\phi40\times100$ mm 的工件在 7×10^5 Pa 压力下的冷却速度比 1×10^5 Pa 压力下的冷却速度快 3 倍。

　　目前较为普及的气淬工艺是 0.5～0.6 MPa 真空高压高流速气冷淬火,这种压力的真空炉具有较高的淬火能力又比较经济,可以满足绝大部分工模具和高速钢工件的淬火需求,也可用于部分中小尺寸的结构钢淬火。文献介绍,5×10^5 Pa 压力下气淬,可将 $\phi80$ mm 的 40CrMnSiMoVA 钢淬透,40CrNi$_2$Si$_2$MoVA 钢可淬透 $\phi60$ mm。

近年来,采用加压气淬工艺提高冷却速度的技术得到了迅速发展。1 MPa 超高压真空淬火炉已得到推广,2~4 MPa 高压真空淬火炉已相继开发出并得到应用,甚至出现了 10 MPa 的真空高压气。资料介绍,20×10^5 Pa 的 He 冷已达到油冷的冷速,40×10^5 Pa 的 H$_2$ 冷则可达到水冷的能力。

真空高压气淬可代替过去的负压气冷、部分油冷或分级淬火等工艺,可以通过计算机精确控制冷却过程,以获得材料最佳的组织和性能,实现材料的零变形。因此,具有广阔泛地的发展前景,是今后热处理技术发展的重要方向。

7.7 本章小结

本章简要介绍了金属热处理的原理和工艺、热处理设备、介绍了发动机壳体、喷管及喷管金属件、发动机直属件等常用的热处理工艺,如退火、正火、淬火、回火、调质、固熔、时效、冷处理等。

介绍了固体火箭发动机典型产品壳体、喷管金属件的增强件、发动机直属件的螺栓的热处理工艺及质量控制要点,并从人、机、料、法、环等方面介绍了热处理质量的影响因素,尤其对设备的炉温均匀性、热电偶、控温仪表等重点内容进行了介绍,最后简要介绍了先进热处理技术。

思 考 题

1.画出铁碳平衡图,并标出特性点含碳量及温度。

2.固体火箭发动机热处理有什么特点?

3.为什么金属壳体淬火＋回火一般选用联合井式电炉机组?

4.简述金属壳体淬火＋回火、喷管金属件调质、螺栓等温淬火质量控制要点。

第8章 理化分析技术

8.1 理化分析技术概述

理化检验工作是一项理论和实践性都很强的工作,对于提高机械工业产品的内在质量和企业竞争力,对于开拓市场和提高用户满意度都是十分重要的。而切实提高机械工业理化检验人员的理论水平、业务素质及实际操作能力是当前机械工业理化检验工作的重要环节和基础工作。

8.2 理化分析技术的专业分类

理化分析技术按照专业类别分为金相检验、力学性能试验及化学分析3个专业。

8.3 理化分析技术的内容

8.3.1 金相检验

1. 钢中的基本组织

碳钢和低合金钢大部分属于亚共析钢,随着热处理工艺的不同,会出现多种不同的组织,如铁素体、奥氏体、渗碳体、珠光体、马氏体、魏氏组织、回火马氏体、回火索氏体等。

(1)铁素体

铁素体又称为纯铁,属于体心立方结构,用 F 表示;在碳钢中是铁素体是碳溶解于 $\alpha-Fe$ 而形成的固熔体,在合金钢中是碳和合金元素固熔于 $\alpha-Fe$ 中的固熔体。在光学显微镜下,铁素体呈白亮色多边形,也可呈块状、月牙状、网络状等。铁素体的强度和硬度都很低,塑性和韧性很好。

(2)奥氏体

在碳钢中是奥氏体是碳熔解于 $\gamma-Fe$ 而形成的固熔体,在合金钢中是碳和合金元素固熔于 $\gamma-Fe$ 中的固熔体。奥氏体是高温稳定相,在室温时奥氏体将转变成其他组织。结构钢在淬火后会存在残余奥氏体,它分布在马氏体针间隙中,或分布在下贝氏体针间隙中,不易受侵蚀,在光学显微镜下呈白色。

（3）渗碳体

渗碳体是一种化合物，在碳钢中，渗碳体由铁和碳化合而成，分子式为 Fe_3C，其碳的质量分数为 6.69％，在合金钢中，渗碳体由铁、碳及合金元素化合而成，分子式为 $(Fe,M)_3C$。渗碳体硬而脆，用体积分数（4＋96）硝酸酒精溶液腐蚀能清晰显示渗碳体组织，其形态呈白色的片状、粒状、针状、网络状等。

（4）珠光体

珠光体是铁素体和渗碳体的机械混合物，按照碳化物的形态又将珠光体分为片状珠光体和球状珠光体。片状珠光体用体积分数（4＋96）硝酸酒精溶液侵蚀后在金相显微镜下呈层状组织，一层铁素体，一层渗碳体。球状珠光体中的渗碳体则为球状，基体为铁素体。

（5）魏氏组织

亚共析钢在铸造、锻造、轧制、焊接和热处理时，由于高温过热形成粗大奥氏体晶粒，在冷却过程中游离铁素体除沿晶界呈网状析出外，还有一部分从晶界沿晶内生长，或在晶粒内部独自析出，这种组织称为魏氏组织。

（6）马氏体

马氏体是过冷奥氏体在快速冷却时，由于碳原子来不及扩散而以切变共格的方式形成的碳在 $\alpha-Fe$ 中的过饱和固溶体。马氏体的金相特征为低碳的板条马氏体和高碳的针状马氏体。

（7）回火马氏体

回火马氏体是淬火钢经低温回火后的产物。基本特征是：仍具有马氏体针状特征，但经侵蚀后显示的颜色比淬火马氏体深，在光学显微镜下的形貌与下贝氏体相似。马氏体内析出为 $\varepsilon-$ 碳化物，呈无规则分布。

（8）回火索氏体

回火索氏体是淬火钢经高温回火的产物，由于回火温度较高，碳化物进一步聚集长大，基本特征是：铁素体＋细小颗粒状碳化物，在光学显微镜下能分辨清楚。

2. 合金元素在钢中的作用

（1）锰元素

锰能提高钢的淬透性。锰能对铁素体和奥氏体起较大的固溶强化作用，为弱碳化物形成元素，进入渗碳体替代部分碳原子，形成合金渗碳体。锰对钢的不利影响：含锰量过高，钢有明显的回火脆性，尤其是第一类回火脆性严重；锰能促使奥氏体长大，使得钢对过热较敏感。

（2）硅元素

硅元素对铁素体有较大的固溶作用，常用于脱氧剂。硅对回火转变有阻碍作用，尤其在低温阶段抗回火作用比较强烈。

（3）硼元素

钢中加入微量的硼元素能提高淬透性。硼对提高低碳钢淬透性作用显著，但随着碳含量的增加，硼的作用逐渐减弱，当碳含量超过 0.9％时，硼已不能提高淬透性。

（4）铬元素

铬能强烈的提高淬透性，其作用的强弱与锰相当。同时，铬是强碳化物形成元素，在结构钢中一般以 $(Fe,Cr)_3C$ 合金渗碳体出现。铬对钢的不利影响是促进回火脆性。

（5）钒、钛和钨

钒、钛和钨在合金钢中都作为辅助元素加入。钒、钛和钨都是强碳化物形成元素，它们在钢中形成稳定的碳化物，有强烈的细化晶粒的作用。

（6）钼元素

钼在合金钢中一般是辅助元素，是强碳化物形成元素，主要用在硅钢和铬钢中，能有效消除回火脆性，使之具有好的冲击韧性。钼也能强烈地提高钢的淬透性。

3. 钢的宏观检验技术

金属材料的宏观组织主要是指肉眼或低倍（不大于 20 倍）下所见的组织。宏观组织分析（低倍检验）是通过肉眼或放大镜（20 倍以下）来检验金属材料及其制品的宏观组织和缺陷的方法。金属材料在冶炼或热加工过程中，由于某些原因造成的影响，致使金属材料的内部或表面产生缺陷，从而严重地影响材料或产品的质量，有时还将报废。钢材中疏松、气泡、缩孔残余、非金属夹杂物、偏析、白点、裂纹以及各种不正常的断口缺陷等，均可以通过宏观检验来发现。

宏观检验通常有酸蚀试验、硫印试验、断口试验、塔形试验等。在生产检验中，可根据检验的要求来选择适当的检验方法。目前我厂主要使用热酸蚀实验法对钢的宏观组织进行检验，这种方法设备简单，操作方便，能清楚地显示钢铁材料中存在的各种缺陷，如：裂纹、夹杂、疏松、偏析以及气孔等。结构钢宏观组织检验方法可参考 GB226－91《钢的低倍组织及缺陷酸蚀检验法》。

4. 钢的显微组织评定

金属的显微组织是指在放大倍数较高的金相显微镜下观察到的组织。使用放大倍数一般小于 2 000 倍。

（1）钢中非金属夹杂物的评定

钢中的非金属夹杂物主要是指钢中的氧化物、硫化物、硅酸盐和氮化物等。这些化合物一般不具有金属性质，并机械的混杂在钢的组织中。研究表明，夹杂物对钢的强度影响很小，但对疲劳性能。冲击韧性和塑性影响很大，影响程度又与夹杂物的类型、大小、数量、形态、分布等有关。结构钢中非金属夹杂物的评级参考 GB/T10561—2005《钢中非金属夹杂物含量的测定标准评级图显微检验法》。

（2）钢的晶粒度的评定。

国家标准 GB/T6394—2002 中规定了金属组织的平均晶粒度表示及评定方法。晶粒度是指晶粒大小的度量，通常使用长度。面积。或体积表示不同方法的评定或测量晶粒大小。而使用晶粒度级别数 G 来表示的晶粒度与测量方法和计量单位无关。

显微晶粒度级别数 G：试样在放大 100 倍下，在 645.16mm^2 面积内包含的晶粒的个数 N 与 G 有以下关系：

$$N=2^{G-1}$$

具体的评定方法及评定图见 GB/T6394－2002。

（3）钢中带状组织的评定方法

国家标准 GB/T13299—1991 中规定了钢中带状组织的金相评定方法。评定珠光体钢中的带状组织,要根据带状组织铁素体数量增加,并考虑带状组织贯穿视场的程度、连续性和变形铁素体晶粒多少的原则确定。具体的评定详见表 8-1。

表 8-1

级别	组 织 特 征
0	等轴的铁素体晶粒和珠光体组织,没有带状
1	有少量断续的铁素体和轻微的珠光体带状组织,以及或多或少的等轴铁素体晶粒和珠光体晶粒出现
2	表现为均匀分布于整个视场的断续铁素体和珠光体带
3	为 3～4 条通过整个视场的完整的窄条铁素体带,其四周为断续的铁素体和珠光体带
4	为通过整个视场的完整的铁素体带和断续的珠光体带,二者均匀分布
5	表现为通过整个视场的完整的铁素体带和珠光体带,二者均匀分布

(4)钢中脱碳层深度的测定

国家标准 GB/T224—2008 中规定了钢中脱碳层深度的测定方法。脱碳层深度的测定方法分为金相法、硬度法和化学法。

金相法是在光学显微镜下观察试样从表面到心部随着碳含量的变化而产生的组织变化。钢的脱碳层包括完全脱碳层和部分脱碳层。完全脱碳层是指钢的表面全部为铁素体组织的区域,在金相显微镜铁素体呈均匀白色明亮的多边形晶粒。由试样的边缘量至最初发现有其他组织的地方即为完全脱碳层深度。部分脱碳层是指只脱去一部分碳的区域,在金相显微镜下表现为该区域碳化物的数量较正常组织明显减少。

硬度法测脱碳层分为显微硬度法和洛氏硬度法两种。显微硬度法是在试样横截面上,沿垂直于表面方向的显微硬度梯度测定。为了减少测量数据的分散性,要尽可能用大的载荷,原则上载荷在 0.49～4.9 N 之间,压痕之间的距离至少为压痕对角线长度的 2.5 倍。总脱碳层深度规定为从表面测至基体硬度值平稳处的距离,原则上至少要在相互垂直的位置上进行两组测量,其测定值的平均值作为总脱碳层深度。

8.3.2 钢的热处理

热处理就是将材料按照一定的加热方式加热到合适的温度进行保温,再采用适宜的冷却方式进行冷却的工艺过程。热处理过程材料内部将会发生复杂的物理和化学变化,从而获得材料所需的力学、化学和物理性能,以满足机械零部件和电子元器件的需要。

1. 常见的热处理工艺

(1)退火

退火就是将金属或合金加热到适当温度、保持一定时间,然后缓慢冷却以获得接近平衡状态组织结构的热处理工艺。退火工艺分为两类:第一类退火和第二类退火。不以组织转变或改变组织形态与分布为目的的退火工艺方法属于第一类退火,第一类退火工艺有均匀化退火、去氢退火、再结晶退火、去内应力退火。通过控制加热温度、保温时间及冷却速度来改变其组织与性能的退火统归第二类退火,第二类退火工艺有完全退火、球化退火、不完全退火、等温退火等。

（2）正火

正火是将工件加热到临界点 A_{c1}（A_{cm}）以上 30～50℃,保温适当时间后,在空气冷却,得到含有珠光体的均匀组织。其目的是使锻件、焊接件粗大而不均匀的组织得到改善,使钢的机械性能有所提高,改善锻铸件组织,细化晶粒,为后续热处理准备适宜的组织或作为最终热处理。

（3）淬火

淬火是将钢加热到 A_{c3}（A_{c1}）以上某一温度,保持一定时间,然后快速冷却获得马氏体（或贝氏体＋马氏体）的一种热处理工艺。淬火的目的一般是使钢的显微组织由常温的珠光体经加热先转变为奥氏体,经快速冷却再转变成马氏体,为随后的回火作好组织上的准备。此时的钢硬度高,脆性高,内应力也高,必须进行回火。这是因为结构钢都是亚共析钢,其淬火组织应是细小的马氏体和少量残余奥氏体,经过回火方能得到良好的综合机械性能。

（4）回火

除等温淬火外,工件淬火后均应回火。其目的是消除淬火产生残余应力以防止裂纹的产生,提高材料的塑性、韧性并获得良好的综合力学性能以满足工件使用性能要求,稳定工件尺寸,使钢的组织在工件使用过程中不发生变化。

回火主要有低温回火、中温回火和高温回火三种。150～250℃回火称低温回火。其目的是降低淬火应力,减少钢的脆性并保持钢的高硬度。低温回火所得组织为回火马氏体,其保温时间一般长些。350～500℃回火称为中温回火。其目的是获得高弹性极限和高韧性,回火组织为屈氏体,中温回火主要用于各种弹簧热处理。500～600℃回火称高温回火,其目的是获得具有良好的强度、硬度和韧性的综合性能,回火组织为回火索氏体,高温回火主要用于各种结构钢工件。

回火温度需根据对工件的性能要求（如硬度、强度、冲击韧性、塑性等）确定。生产中大多以工件的硬度确定回火温度。通常是采用经验公式计算或是从各种钢材的回火温度—硬度关系曲线（或表格）查找。回火时间一般根据工件尺寸、装炉量、材料牌号、硬度以及所选用的回火温度确定。其基本要求是保证工件热透并使组织充分转变。

淬火钢回火时,许多钢种在温度升高过程中会出现两次冲击韧性明显降低的现象,即回火脆性。淬成马氏体的钢要防止发生于 250～400℃回火温度区的不可逆性回火脆性;锰钢、铬钢、铬—锰钢、铬—镍钢要防止发生于 450～650℃回火温度区的可逆性回火脆性。

（5）调质处理

淬火后高温回火工艺又称为调质处理,主要用于各种调质钢工件。由于处理后得到细致、均匀的回火索氏体,有时也将它作为一种预备热处理。调质后工件的硬度为 28～33HRC 便于机械加工并改善工件的表面粗糙度。调质处理的钢件具有良好的综合性能。调质处理是调质钢的最终热处理。合金结构钢,特别是锰钢、铬—锰钢、铬—锰—硅钢、铬—镍钢要注意防止回火脆性,回火后应油冷或水冷。

2. 常见材料的热处理制度

目前西安航天动力机械厂使用的金属材料主要有 30CrMnSiA、30Si2MnCrMoVE、

31Si2MnCrMoVE、T250、30CrMnSiNi2A、PH13－8Mo、15－5PH 等。复验试样的热处理工艺详见表8－2。

表 8－2　原材料复验热处理工艺汇总表

原材料牌号	原材料种类		标准	标准推荐热处理工艺	复验热处理工艺
30CrMnSiA	锻件		QJ500A－98	880～900℃油淬，510～570℃回火，油冷	890℃×45 min，油冷；530℃×60 min，水冷
	棒材		GJB1951－94	880～900℃油淬；500～560℃回火，油冷	
	管材		GJB2608A－2008	880～900℃油淬；500～560℃回火，油冷	
	板材	冷轧	GJB2151－94	880～900℃油淬；500～560℃回火，油或水冷	890℃×45 min，油冷；510℃×60 min，水冷
			Q/太新043－2004	880～900℃油淬；510～560℃回火，油或水冷	
		热轧	GJB2150A－2005	880～900℃油淬；500～560℃回火，油或水冷	
30Si2MnCrMoVE 31Si2MnCrMoVE	锻件		GJB3325－98	920～940℃淬火，1h油冷；290～310℃回火，3h空冷	930℃×60 min，油冷；300℃×180 min，空冷
	棒材		GJB3326－98	920～940℃淬火，1h油冷；290～310℃回火，3h空冷	
	板材	冷轧	D406A－94－4	930±10℃，油冷，300±10℃，3h回火，空冷	930℃×45 min，油冷；300℃×180 min，空冷
		热轧	GJB3324－98	920～940℃油淬；280～340℃回火，空冷	
30CrMnSiNi2A	锻件		QJ500A－98	890～910℃油淬，200～300℃回火，空冷	900℃×45 min，油冷；250℃×180 min，空冷
	棒材		GJB1951－94	890～900℃淬火，油或空冷，200～300℃回火，空冷	
30Cr3SiNiMoVA	棒材		BTXC373－2005	910～930℃×30～60分钟油淬；250±10℃×3～5小时空冷	920℃×45 min，油冷；250℃×180 min，空冷
	锻件		Q/G 232－2010	910～930℃，0.5h～1h小时油淬；240～260℃，3h～5h小时回火，空冷	
15－5PH	棒材		辽新－2－5007－2003	固熔：1 040℃，保温1 h空冷至室温；沉淀硬化：H1025 状态，552℃保温4 h空冷	1040℃×60 min，空冷；552℃×240 min，空冷
PH13－8Mo	棒材		QJ/DT01.23196－2010	固熔：925±15℃，≥30 min，油冷或空冷至15℃以下；时效：540±5℃，4 h±0.25 h，空冷	925℃×90 min，空冷；－5℃～0℃×70 min；540℃×240 min，空冷

续表

原材料牌号	原材料种类	标准	标准推荐热处理工艺	复验热处理工艺
T250	锻件	BTXC255-2004	固熔:815～920℃(最佳温度820℃),1 h 空冷;时效:490～510℃保温(3～8)h 空冷	
	棒材			
	管材			
C300	锻件	QJ/DT01.53098-2010	820～860℃×1 h 空冷,480～510℃×3～6 h 空冷	820℃×60 min,空冷;500℃×240 min,空冷
	棒材			
	板材	QJ/DT01.53099-2010	820～860℃×1 h 空冷,480～510℃×3～6h 空冷	
H300	锻件	Q/GYB773-2011	固熔:820～860℃×1 h 空冷,时效:480～510℃×3 h～6 h 空冷	
	棒材	Q/GYB772-2011		
	板材	Q/GYB774-2011		
20CrMnTi	锻件	QJ500A-98	第一次淬火 880℃,第二次淬火 870℃油淬,200℃回火,水或空冷	880℃×45 min,油冷;870℃×45 min,油冷;200℃×180 min,空冷
CF-170	锻件	QJ/DT01.23082-2009	固熔:880～980±10℃,一般采用900±10℃,保温 60 min,油冷或水冷;冷处理:不高于-60℃,保温 8 h 以上,恢复至室温;时效:480～525±5℃,保温 4～5h,在满足使用要求的前提下,应优选较高的时效温度	900℃×60 min,水冷;≤-60℃×≥8 h 恢复至室温;510℃×240 min,空冷
	棒材	QJ/DT01.23082-2009		
	管材	Q/GYB696-2008		
	板材(热轧)	QJ/DT01.23059-2008		
0Cr18Ni9	棒材	GB/1220-2007	固熔:1 050～1 150℃,快冷	固熔:1 080℃×60 min,水冷

注:淬火(固熔)、回火(时效)保温温度为±10℃,保温时间为±5 min。

8.3.2　力学性能试验

1. 金属材料基础知识

(1)结构材料对力学性能的要求

材料的性能主要包括材料的使用性能和工艺性能。材料的使用性能是材料在最终使用状态时的行为,它包括材料的力学性能(如强度、韧性、塑性、刚性等)、化学性能(如抗氧化性、耐腐蚀性等)、物理性能(如密度、导热性、导电性、磁性等)。材料的工艺性能是材料实现其使用性能的可能性和可行性,对金属材料,它包括铸造性、成形性、焊接性、切削加工性、热处理工艺等。

金属材料按使用性能可分为金属结构材料(主要利用材料的力学性能)和金属功能材料(主要利用材料的物理和化学性能),在我们使用的材料中,用于制作机械零件或构件的结构材料最为广泛。

(2)强度

强度是结构材料,尤其是结构钢最基本的性能要求。结构钢、水泥等一般都是按屈服强度或抗拉强度来划分级别的。零件和构件用的材料常以屈服强度作为衡量材料承载和安全的主要判据,并以屈服强度进行强度设计。通常,材料是不允许在超过其屈服强度的载荷下工作的,因为,这会引起零件或构件的永久变形。为了减少壁厚和自重,也为了降低制造成本,在刚性允许的条件下,应尽量采用高屈服强度的钢。从某种意义上讲,材料的屈服强度,可以减轻零件或构件的重量,使其不易产生塑性变形失效;但另一方面,提高材料的屈服强度,则屈服强度与抗拉强度的比值(屈强比)增大,不利于某些应力集中部位的应力重新分布,易引起脆性断裂。另外,高强度钢也会遇到一系列的困难,如随着钢的强度级别的提高,降低了成形性,为此,必须把成形零件的变形减到最小。因此,从屈服强度上判定材料的力学性能,原则上应根据零件或构件的形状及其所受的应力状态、应变速率等决定。若零件或构件的截面形状变化较大,所受应力状态较硬,应变速率较高,则材料的屈服强度应较低,避免发生脆性断裂。

(3)塑性

钢一般要求有一定的延展能力,即塑性,以保证加工的需要和结构的安全使用。塑性好的材料可以顺利地进行某些成形工艺,如冷冲压、冷弯曲等。另外良好的塑性可使零件或构件在使用时万一超载,能由于塑性变形使材料强度提高避免突然断裂。

断后伸长率和断面收缩率都是材料最重要的塑性指标,由于塑性与材料服役行为之间并无直接联系,塑性指标通常并不能直接用于零件或构件的设计,但它仍有重要的用途。

1)作为材料的安全力学性能指标。由于塑性变形有缓冲应力集中、削减应力峰的作用,通常根据经验确定材料断后伸长率和断面收缩率,以防止零件或构件偶然过载时出现断裂。

2)反映材料压力加工(如轧制、挤压等)的能力。

3)保证零件或构件装配、修复工序的顺利完成。

4)反映材料的冶金质量。

(4)硬度

硬度是材料表面抵抗另一物体压入时所产生的塑性变形抗力的大小。最常见的硬度指标有布氏硬度、洛氏硬度和维氏硬度等。一般情况下,材料的硬度高,其耐磨性能也好。此外,通过大量的试验和分析研究,人们发现硬度与材料的强度等存在着近似对应关系,如 $R_m = Khb$。因此,在生产中常用简便的硬度试验来估算材料的强度。

(5)韧性

为防止结构材料在使用状态下脆性断裂,要求材料在弹性变形、塑性变形和断裂过程中吸收较大的能量,即韧性。一般对重要用途的钢材,尤其在动载、重载、反复加载、低温条件下工作的钢材,均要求一定的韧性。钢的韧性通常以某种缺口形式的试样用冲击试验法测定其规定温度下的冲击吸收能量来表示,虽然冲击吸收能量缺乏明确的物理意义,不能作为表征金属制件实际抵抗冲击载荷能力的韧性判据,但因其试样加工简便、试验时间短、试验数据对材料组织结构、冶金缺陷等敏感而成为评价金属材料韧性应用最广泛的一种传统力学性能试验。

(6)成形性

材料的塑性和成形性都是表征其在外力下连续性不破坏、或不导致不可逆的永久变形的能力,它取决于材料本身的性质和具体的变形条件。评价成形性有顶锻、弯曲、反复弯曲、杯突、钢管扩口、缩口、弯曲、压扁、卷边和线材扭转等工艺试验,也有应变硬化指数、塑性应变比等材料力学性能试验。良好的成形性是钢必须具有的特性之一,尤其对于汽车用压延件和深冲薄板,要求其具有优良的成形性。

2. 力学性能试验取样基本知识

力学性能试验是对材料的各种力学性能指标进行测定的一门实验学科,其测定的对象被称为试样。由于很多力学性能试验都带有破坏性,不可能将一批材料都作为试样来进行试验来进行评价材料的质量,而只能抽取一批材料中的一部分进行试验,根据试验结果对这批材料的质量做出判别。因此,试样的真正意义在于它能代表所在的一批材料,这样,正确的取样就成了准确评定材料性能的重要环节。

试样的类型及取样原则如下:

(1)力学性能试验的试样类型

力学性能试验的试样可分为三种类型:

1)从原材料直接取样:即从原材料上直接切取样坯,然后加工成标准规定的试样,如型材、棒材、板材、管材和线材等,并根据相关标准,在一定的部位取出一定尺寸的样坯,加工成所需要的拉伸、冲击试样。

2)从产品(结构或零部件)的一定部位上取样:即从产品(结构或零部件)的一定部位(一般是最薄弱、最危险的部位)上切取样坯,加工成一定尺寸的试样。通过对这些试样进行力学性能试验,并和试验应力分析相配合,可进一步校正设计计算的正确性,同时在失效分析和安全评估中起到重要作用。

3)把实物作为样品:即把结构或零部件作为样品没直接进行力学性能试验,如:弹簧、螺栓、齿轮、轴承等。

(2)取样原则

1)取样对力学性能试验结果的影响

Ⅰ取样部位:由于金属材料材料在冷热变形加工过程中,变形量不会处处均匀,材料内部的各种缺陷分布和金属组织也不均匀,因此,在产品的不同部位取样时,力学性能试验结果必然不同。

Ⅱ取样方向:钢材轧制或锻造时,金属沿主加工变形方向流动,晶粒被拉长并排成行,且夹杂也沿主加工变形排列,由此造成材料性能的各向异性。

Ⅲ取样数量:某些力学性能指标对试验条件和材料本身的特殊性十分敏感,因此,一个试样的试验结果的可信度太低,但取样数量太多,则造成人力、材料和时间的浪费。为了确定最小取样数量,必须根据试验类型、产品和材料性能的用途、试验结果的分散性以及经济因素等具体问题进行具体分析。如冲击性能试验结果往往就比较分散,一般每次取三个试样进行试验。

2)样品的代表性。由于取样部位、方向对试验结果有影响,因此必须对取样的部位和方向做统一的规定,这样,不同的人和不同的实验室对同一产品所做的力学性能试验结果才可以相互比较。标准《金属材料理化试验取样规定》对钢和钢产品力学性能试验的取样位置和取样方向做了一般性的规定。此外,不少产品标准和协议也根据产品的特点明确规定了取样部位和方向。这些标准规定取样部位时,有的是出于该部位能代表产品的平均性能,如大直径的圆钢,中心的强度比靠近表面部位的低,故把半径的 1/2 部位规定为取样位置;有的是出于取样方便,如线材,在长度方向上,性能无明显差异,就规定在两头部位取样等。对原材料产品按这些标准规定的位置取样时,就认为其具有代表性。

当在实际零部件上取样时,一般取其最危险、最薄弱的部位,因为最危险、最薄弱处的力学性能决定了产品的性能。此外,还应考虑试样的受力状态与零部件的受力状态相一致,否则试验就失去了意义。

3. 金属材料的拉伸试验

金属力学性能试验方法是检测和评定冶金产品质量的重要手段之一,其中拉伸试验是应用最广泛的力学性能试验方法。试验中的弹性变形、塑性变形、断裂等各阶段真实地反映了材料抵抗外来的全过程。拉伸试验是在应力状态为单轴,温度恒定,以及应变速率在 $0.000\ 1 \sim 0.01\ s^{-1}$ 的条件下进行的。它具有简单易行,试样便于制备等特点。通过拉伸试验可以得到材料的基本力学性能指标,如弹性模量泊松比、屈服强度、规定非比例延伸强度、抗拉强度、断后伸长率、断面收缩率、应变硬化指数和塑性应变比等,它们是反映金属材料力学性能的重要参数。另外,高温拉伸试验可以了解材料在高温下的失效情况。而低温拉伸试验不但可以测定材料在低温下的强度和塑性指标,而且还可以用于评定材料在低温下的脆性。

拉伸试验所得到的材料强度和塑性性能数据,对于产品的设计和选材,新材料的研制,材料的采购和验收,产品的质量控制,设备的安全评估,都有很重要的应用价值和参考价值,在有些场合下还可以直接用拉伸试验的结果作为判据。例如:进行强度计算时,材料零件所承受的应力要小于屈服强度,否则会因塑性变形过量而导致破坏。材料的强度越高,所承受的外力就越大,产品所用的材料也就越少。又如:断后伸长率和断面收缩率大的材料,冲压、轧制和锻造的可塑性也越大,反之,可塑性就越小。此外,拉伸试验指标还和其他的力学性能指标有着经验关系。

4. 金属材料的冲击试验

金属材料在使用过程中,除要求有足够的强度和塑性外,还要求有足够的韧性,所谓韧性,就是材料在弹性变形、塑性变形和断裂过程中吸收能量的能力。韧性好的材料在服役条件下不至于突然发生脆性断裂,从而使安全得到保证。

韧性可分为静力韧性、冲击韧性和断裂韧性,其中评价冲击韧性(即在冲击载荷下,材料塑性变形和断裂过程中吸收能量的能力)的实验方法,按其服役工况有简支梁下的冲击弯曲试验(夏比冲击试验)、悬臂梁下的冲击弯曲试验(艾氏冲击试验)以及冲击拉伸试验等。夏比冲击试验是由法国工程师夏比(Charpy)建立起来的,虽然试验中测定的吸收能量 K 值缺乏明确的物理意义,不能作为表征金属件实际抵抗冲击载荷能力的韧性判据,但因其试样加工简便、试验时间短,试验数据对材料组织结构、冶金缺陷等敏感而成为评价金属材料冲击韧性应用最为广泛地一种传统力学性能试验,也是评价金属材料在冲击载荷下韧性的重要手段之一。

5. 金属材料的弯曲试验

金属由原材料变成符合使用要求的零部件,其间必然经历一系列的加工过程,如铸造、锻造、轧制、冲压、焊接、热处理等,金属材料适应加工艺要求的能力就是金属工艺性能,它包括成形性、可加工性、焊接性和热处理性等,而金属工艺性能试验就是检验金属材料是否适用于某种加工艺。常用的金属工艺性能试验多用来检验材料的成形性,这种试验不测定材料在某一试验条件下的应力-应变关系,也不定量地给出其应力或应变的大小,而仅仅作为定性地检验在给定的试验条件下,材料经受某种形式的塑性变形的能力并显示其缺陷。通常用这种试验来检验金属产品是否符合标准或协议的规定要求,也可以用来对比不同材料的塑性变形能力。

金属弯曲试样是以一定形状(如圆形、方形、矩形或多边形横截面)试样在弯曲装置上经受弯曲塑性变形,在不改变加力方向情况下直至达到规定的弯曲角度后卸除试验力,通过观察试样表面状态检查其承受弯曲变形能力的一种工艺试验。弯曲试样时,试样两臂的轴线保持在垂直于弯曲轴的平面内。如为弯曲 180° 的弯曲试验,按照相关产品标准的要求,将试样弯曲至两臂相距规定距离并相互平行或两臂直接接触,然后按标准规定或协议进行试验结果判定。

6. 金属材料的平面应变断裂韧度 K_{Ic}

平面应变断裂韧度 K_{Ic},是指在中性环境中,在裂纹前缘近似处于三轴拉伸平面应变条件下,且裂纹尖端塑性区尺寸远小于裂纹尺寸和约束方向上的试样尺寸时,即裂纹尖端的塑性变形受到约束时,材料对张开型(Ⅰ型,在拉应力作用下)断裂的临界抗力。它是材料阻止宏观裂纹失稳扩展即裂纹尖端的塑性变形受到的临界阻力,是材料抵抗脆性破坏的韧性参数,称为材料的平面应变断裂韧度。

8.3.3　化学分析

1. 化学分析的基本方法

(1)质量分析法

质量分析法是称取一定质量的试料,将其中被测组分以单质或化合物状态分离出来,然后用分析天平称量单质或化合物的质量,计算出该组分在试样中的含量。按所采用的分离方法的不同,质量分析法可分为沉淀质量法、气化质量法、电解质量法和萃取质量法 4 种方法;质量沉淀法是质量分析的主要方法。

(2)滴定分析法

滴定分析就是将被测物质的溶液置于一定的容器中,并加入少量适当的指示剂,然后用一种已知准确浓度的标准溶液通过滴定管逐滴地加入到盛有被测物质溶液的容器里,当滴入的滴定剂的量与被测物质的量之间正好符合化学反应式所表示的计量关系时,化学反应就达到了理论终点。一般采用指示剂的颜色的改变来确定化学反应的理论终点,指示剂颜色改变点到来就表明滴定结束。

(3)分光光度法

许多物质都具有一定的颜色,当有色物质溶液的浓度改变时,溶液颜色的深浅也随之改变,溶液浓度越大,颜色越深;反之颜色越浅。物质呈现的颜色与光有密切的关系,日常所见的光是波长 400~750 nm 连续光谱的混合光,当混合光通过溶液时,一部分光被吸收,另一部分光透过溶液。通过分光光度计把连续光谱分成单色光用于比较有色溶液颜色的深浅来进行定量分析。

2. 光电直读光谱法

(1)光电法光谱分析的原理

光电法光谱分析是把激发试样所获得的复合光通过入射狭缝射在分光元件上,被散射成光谱,以光电转换系统和测量系统进行光电转换并测量谱线强度而求得试样中各待测元素的含量。

光电法光谱分析是一种原子发射光谱分析方法。原子发射光谱法(AES)是根据物质中不同原子受激发后,产生不同的特征光谱;来确定其组成的分析方法,可对约 70 种元素(包括金属元素及磷、硅、砷、碳、硼等非金属元素)进行定性、定量分析,广泛用于冶金工业、机械工业、地矿系统及高纯材料分析中。

(2)光电法光谱分析的特点

1)分析速度快。光电法光谱分析能同时测定许多元素,现代的光电法光谱分析大多采用计算机进行结果的计算,因而在几分钟内即可获得 20 多种元素的分析结果。

2)准确度高。光电法光谱分析的测量误差可降至 0.2% 以下,而早期使用摄谱仪时,由感光极及测量方法引入的误差即超过 1%。

3)适用的波长范围广。光电法光谱分析的波长范围由所用的光电倍增管的性能决定。真空光电光谱仪可以测量在真空紫外区出现的谱线的元素,如硫、磷、碳、硼等。

4)适用的浓度范围广。由于光电倍增管的放大能力强,对强弱不同谱线的放大倍数不同,相差可达 1 000 倍。因而光电光谱仪可同时测定同一样品中含量相差较大的各种元素。

5)样品用量少。只需在样品表面激发极少量的试样即可完成光谱全分析。但由于取样量少,样品不均匀而使分析结果的误差增大。

6)仪器设备昂贵,分析费用高。尤其是真空型光电光谱仪,需要在操作过程中连续地在电极架周围通惰性气体,分析费用较高。

7)对分析任务变化的适应能力较差。由于每台仪器使用的出射狭缝在出厂前已经调节好,不易变更。这对固定元素的例行分析固然方便,但对样品种类经常变化的用户却不适用。

8)为了消除气温和大气压力变化产生的影响,保证分析结果的准确度和灵敏度,仪器的局部光学系统或整个仪器需置于恒温环境中,这给维护、管理造成一定的难度。

9)光谱分析是一种相对的分析方法,需要一套标准样品对照,往往由于标准样品不易制备,给光谱分析造成一定的困难。

10)由于光电法光谱分析是对在一定直径范围内的试样的表面进行激发,且分析结果与分析过程中试样的温度有关,直径过小的圆材或厚度过薄的板材可能因此无法进行分析或分析结果有偏离,因而为了得到较准确地分析结果,光电光谱分析还受到金属材料形状的限制。

(3)光电直读光谱仪的组成

光电直读光谱仪由光源部分、聚光部分、分光部分和测光部分组成。光源部分使试样激发发光。聚光部分是把发出的光聚集起来导入分光部分。分光部分是将光色散成各元素的谱线。测光部分是用光电法测量各元素的谱线强度,并指示、记录下来,或是将其测光读数换算成元素质量分数表示出来。

8.4 本章小结

机械工业理化检验工作有着非常良好的专业基础和规范性的科学程序,曾为机械工业的发展做出了重要的贡献。近年来,随着机械工业的发展和信息技术在机械工业的广泛应用,新技术、新材料、新仪器、新理论都不断对机械工业理化检验工作提出了新要求,理化检验工作相应地应该得到发展,理化检验人员也应得到重视和培养。

思 考 题

1.请举例说明取样方向对材料力学性能的影响。

2.30CrMnSiA 钢中各主要元素在钢中分别起什么作用？

3.光电光谱分析的优、缺点分别有哪些？

第9章 计量技术与管理

9.1 国防军工计量概论

国防军工计量工作,是计量工作的一个重要组成部分,国防军工计量,是指以科学技术为依托,法律法规为保证,行政管理为手段,实现国防科技工业产品和现代化武器装备量值准确一致、测量数据可靠的全部工作和活动。

国防军工计量工作,是国防科技工业的重要技术基础,是国防现代化建设中不可缺少的组成部分,具有先行性、基础性和公益性的特点;经过半个世纪的建设和发展,已经形成了比较健全、完善的国防军工计量体系。在长期的实践中,国防军工计量积累了丰富的经验,为国防科技工业的发展,为确保军工产品的质量,发挥了重要的技术支撑和保障作用。

国防科技工业是国家战略性产业,没有国防就没有国家,没有国防科技工业也就没有国防。由于国防计量的特殊重要性,因此它既具有国家社会民用计量的特点和属性,也有其特殊性。

9.2 国防军工计量体系组成及要求

国防军工计量体系包括计量监督管理体系、计量技术保障体系和计量专家组织。其中计量监督管理体系是指为提供计量保证开展的各项管理活动,并依照计量法律法规和制度对计量保证的有效性进行检查监督的工作体系。计量技术保障体系是指为武器装备和其他军工产品提供量值传递和溯源、实施计量保证和计量技术服务的工作体系。它主要由计量测试中心、计量一级站、专业计量站、区域计量站、校准实验室和部门行业特殊需要的计量站、军工企业事业单位计量技术机构组成。计量专家组主要由各计量机构两院院士、教授级专家等组成。

9.3 通用计量术语

通用计量术语主要包括量、测量、测量结果、测量设备、测量设备特性、量值传递与溯源等几方面的术语。

1. 量

量是可以定性区别和定量确定的现象、物体和物质的属性。在量值表示中用以与单位相乘的数字,其单位采用国际标准计量单位。

2. 测量和测量结果

测量是指以确定量值为目的的一组操作。测量结果是指由测量所得的赋予被测量的值,包括示值、修正结果等。

在测量中正确选用测量信号即正确选用能代表被测量并与被测量有相关关系的量。

3. 测量设备、测量设备特性

测量设备是指进行测量所需的测量器具、测量标准、标准物质、辅助设备及其技术资料的总称。包括测量仪器、测量设备、测量器具、测试设备、专用测试设备、测量系统、实物量具、显示式仪器、记录式仪器、比较式仪器、模拟式仪器、数字式仪器等。有关测试设备的术语包括标称范围、量程、标称值、测量范围、稳定性、灵敏度、分辨率、准确度、重复性、误差、偏移等。

4. 量值传递与溯源

通过对测量器具的校准、检定,将国家测量标准所复现的单位量值通过各等级测量标准传递到工作测量器具的活动,以保证被测量对象的量值准确和一致。其主要术语有检定、校准、比对、分度、定值、示值等。

检定:由法定计量技术机构确定并证实测量器具是否完全满足规定要求而做的全部工作,检定结果应对被测量器具作出合格或不合格的结论。

校准:在规定条件下,为确定测量仪器、测量系统所指示的量值或实物量具、标准物质所代表量值与对应的测量标准所复现的量值之间关系的一组操作,校准结果可以给示值赋值,又可确定示值的修正值。

9.4 物理量和计量单位

实现单位统一、量值准确可靠,是计量工作的基本任务;采用国际单位制,是世界范围的通行做法;法定计量单位是规范和监督市场行为的重要依据。

1. 物理量

量的定义只与量、常量有关而与计量单位无关。量是可测的,可以用计量单位表达。

计量单位是为定量表示同种量的大小而约定的定义和采用的特定量称为测量单位,我国又称为计量单位,简称为单位。计量单位是人们共同约定的一个特定参考量,具有名称、符号和定义,其数值为1.国际法制计量组织把数值等于1的量作为单位的定义。

2. 国际单位制

国际单位制是现代最先进的计量单位制,它集中了世界各国的研究发展成果和经验,反映了当代基本科学技术发展水平,是国际上共同的计量语言,已被世界广泛使用。

其优点在于单位统一、适用范围广泛;结构合理,方便使用;科学严谨、精密准确。我国的法定计量单位的单位符号采用外文惯例形式,即国际符号。

9.5　数据处理与统计分析

1. 测量误差

测量误差问题是计量测试中的一个基本问题,由于各种因素的影响,任何一种测量都不可避免的存在误差。

测量误差是指由测量赋予的被测量之值与被测量的真值之差,其分为绝对误差、相对误差、分贝误差、引用误差。

在对同一量进行多次测量过程中,对每个测得值的误差保持恒定或以可预知方式变化的测量误差称为系统误差。系统误差可通过实验方法确定并加以修正,其与测量次数无关,产生来源于装置误差、环境误差、方法误差、人员误差。可采用一些基本方法进行抵偿或减小,主要有替代法、补偿法、对称法等,将系统误差消除。

2. 概率统计

在一定条件下事件可能出现的结果不止一个,但至于出现哪个事先无法确定,这就是随机现象,也叫偶然现象。对随机现象进行观察和试验,为随机试验,随机试验的全部基本事件组成的集合为样本空间,而其中一个事件出现的频率为概率。

概率分布主要有正态分布、平方分布等。

3. 数据处理方法

异常值得判定和剔除:在一系列重复测量数据中,有个别数据与其他数据有明显差异,则它们很可能含有粗大误差,根据随机误差理论,出现粗大误差概率虽小,但也是可能的。因此,如果含有不恰当的粗大误差,会造成测量的分散性偏小的假象。反之,如果对混有粗大误差的数据未加剔除,必然会造成测量分散性偏大的后果。因此,对数据中的异常值的正确判断与处理,是获得客观的测量结果的重要手段。

从技术和物理上找出产生异常值的原因,是发现和剔除粗大误差的首要方法。一般分为拉依达准则和格拉布斯准则。同时需进行结果部分数字位数与数据修约,适当保留有效数字,去除多余没有价值的数字。

拉依达准则(3σ准则),是最常见也是最简单的判别粗大误差的准则,它是以测量次数充分大为前提,但通常测量次数皆较少,因此拉依达准则只是一个近似的准则。对于某一测量列,若各测量值只含有随机误差,则根据随机误差的正态分布规律,其残余误差落在$\pm 3\sigma$以外的概率约为0.3%,即在370次测量中只有一次其残余误差大于3σ。如果在测量列中,发现其大于3σ的残余误差的测量值,则可以认为它含有粗大误差,应予剔除。

格拉布斯准则适用于测量次数较少的情况($n<100$),通常取置信概率为95%。对样本中仅混入一个异常值的情况判别效率最高。某个测量值的残余误差的绝对值$|v|>G$,则判断此值中有粗大误差,应予剔除。

9.6 测量不确定度

1. 定义

测量不确定度是与测量结果相关联的、表征合理地赋予被测量值分散性的参数。其主要包含以下三个含义：

1）该参数是一个分散性参数，这个参数是一个可以定量表示测量结果的质量指标。

2）该参数一般由若干分量组成，统称为不确定度分量。应对这些不确定度分量大小的估计要合理，知道每个分量估计的可靠程度。

3）该参数是用于完整表征测量结果的。

2. 来源

凡是对测量结果会产生影响的因素，均是测量不确定度的来源，它主要来源于以下几个方面：①对被测量的定义不完整或不完善。②复现被测量的定义的方法不理想。③测量所取样本的代表性不够。④对测量过程受环境影响的认识不周全。⑤对模拟式仪器的读数不准。⑥仪器计量性能上的局限。⑦赋予测量标准和标准物质的标准值的不准确。⑧引用常数或其他参量不准确。

3. 测量不确定度与测量误差

测量不确定度与测量误差，两者的定义既有联系又有区别。两者都与测量结果有关，都从不同角度反映了测量结果的质量指标，前者是指对测量结果的不能肯定的程度，后者是指测量结果相对真值的差异大小。对于前者，人们在主观上是完全可以根据所掌握的有关测量结果的数据信息来估计，后者在严格意义上是主观不可知的。

9.7 测量质量保证

1. 测量器具

测量器具用于测量并达到预定要求，必须符合一定规范的计量学特性。有些测量器具能单独完成测量，如温度计、电压表等，另一些测量器具需与其他计量器具一起才能完成测量，如砝码、热电偶、电流互感器等。

测量器具按结构、功能分为实物量具、计量仪器和计量装置。

实物量具是具有固定形态，用来复现或提供给定量的一个或多个已知值的计量器具，具有恒定的物理和化学形态，能保证在使用时能确定的复现并保持已知量值。例如砝码组、标准量块组等。

计量仪器是指将被测量值转化成可直接观察的示值或等效信息的计量器具，其本身并不复现或提供已知量值。其主要特性是将被测量值或经变换的等效信息与已知量值比较，并将比较的结果转换成示值或等效信息输出。例如各类游标卡尺、百分表等。

计量装置是指为确定被测量值所必须的实物量具、计量仪器和辅助设备的总体。计量装置确定的被测量值可以是一个，也可以是多个。如光电高温计检定装置、体温计校准装置等。

2. 测量标准

测量标准按计量学特性通常分为原级标准、次级标准、参考标准和工作标准四类。

原级标准是指最高的计量学标准，其值不必参考相同量的其他标准，被指定或普遍承认的测量标准，又称基准。

次级标准是指通过与相同量的原级标准比对而是定值的测量标准，也成为次基准、工作基准。

参考标准是指在给定地区或在给定组织内，通常具有最高计量学特性的测量标准，在该处所做的测量均由它导出。

工作标准是指用于日常校准或核查实物量具、测量仪器或标准物质的测量标准。

3. 工作计量器具

普通的工作计量器具是相对计量标准而言的，用于日常的测量工作而不是用于检定或校准工作的计量器具，按规定不得用于检定其他计量器具，只能用于测量。

工作计量器具最基本的使用要求是必须经过法定计量技术检定或校准后方可使用，并且在规定的有效期内使用，使用时要严格按所规定的使用规则或操作要求使用。

4. 法定计量器具

对计量器具的管理分为两种：一种是按照国家有关计量法规进行法制管理，属于强制性规范管理；另一种是各部门和各单位按照自己的实际情况和规定进行行政管理，属于任意性规范管理。实行强制管理的计量器具就是法定的计量器具。

计量器具的法定特性是指计量器具应符合的法定计量要求、技术要求和管理要求，三者缺一不可。

计量要求是计量器具的计量特性要求，建立的计量器具应有与其地位相适合的最大允许误差和确保其计量性能的必要条件。技术要求是为了保证建立的计量器具的计量性能保持不变，测量结果可靠而要求的一些基本且通用的结构特性。管理要求是计量器具使用的不同阶段的关于建立计量器具的身份、级别和使用特性的要求。

一切法定的计量器具都必须有法定特性有效期的规定，法定特性的有效期是法定的计量器具的重要的客观属性之一。为保持由法定计量部门或法定授权机构已认可的计量器具的法定特性，应在首次检定之后接受后续检定和计量监督。

9.8 本章小结

国防军工计量的建设和发展要以国防科技工业的发展保证和产品质量为导向，实行服务保障军品和服务保障民品相结合，法定计量检定与自律校准测试相结合，做好计量监督与计量服务保障相结合。

国防军工计量的建设和发展有利于国防科技工业新体制和新机制的建立运行，有利于军工企业走向市场，增强竞争能力，有利于对产品质量开展全方位计量保障服务工作，有利于国防军工计量体系建设与整体实力的增强。

在 60 多年的国防能力建设中,国防军工计量为国防科技工业的进步和武器装备的发展,作出了重要的贡献,确保了武器装备研制、试验和生产全过程的量值准确,测量数据可靠。国防军工计量也为我国航天工业的发展提供了技术保障。在我国航天事业中,不管是火箭、卫星、飞船的制造,还是发射、运行、返回各个环节,都离不开计量科学技术提供的技术基础保障作用。不断追求高精度、高准确度使得计量科技的基础保障作用发挥的更加得淋漓尽致。

思 考 题

1. 国防军工计量工作在现代国防科技工业中的作用是什么?
2. 测量不确定度的来源是什么?
3. 工作计量器具与法定计量器具的区别?

第 10 章　无损检测技术

10.1　X 射线检测技术

固体火箭发动机是现代导弹的重要动力装置,发动机按制造材料分为金属壳体及非金属壳体,发动机壳体工作时承受着高温、高压恶劣工况,所以为了确保发动机壳体工作的高可靠性,对发动机壳体的质量控制显得尤为重要。无损检测既可以对产品生产加工过程质量进行监测,避免产品报废;又可以将检测数据反馈给工艺、设计,促进工艺、设计水平的不断提高。作为应用广泛、适应能力强的金属壳体,质量控制的无损检测技术手段主要为超声波检测、X 射线检测、磁粉检测、渗透检测(限用工艺)。

金属发动机壳体基本结构主要分为卷焊和旋压成形,焊接技术是壳体整体成形中的重要环节。为了有效检测焊缝质量,采取的检测方法主要是 X 射线检测技术,X 射线检测技术又分为常规照相检测和数字化检测(DR,CR)。X 射线照相检测的优点是操作方便、灵敏度高,在工业领域应用广泛;但其缺点是检测成本高、效率低、有电离辐射。数字化检测具有很高的动态范围和空间分辨率,在某些领域已成功应用于发动机焊缝和金属铸件的快速生产及在线检测,例如在无缝钢管的对接焊、液化气气瓶的焊接、汽车轮胎孔洞的检测及复杂铸件内部缺陷的检测。但在薄壁金属壳体领域数字化射线灵敏度还达不到传统照相成像技术水平,细节辨识能力不够,另外我国还没有指导这项技术的成熟检测验收标准,在我国军工领域虽然已有很多院所配置了这类数字化检测设备,但总体上还处于科研试验阶段,没有在正式产品上应用,尤其是关键的零部组件。

发动机金属壳体多为圆筒与封头体对接结构,基本结构如图 10-1 所示,筒体由旋压件或板材卷焊组成,壁厚一般小于等于 6.5 mm,属于薄壁结构,为了保证对焊缝的检测灵敏度,对发动机金属壳体焊缝的检测仍然采用 X 射线照相检测技术。金属铸件在发动机壳体上的使用的只有 2 m 系列的铸铝扩张段、裙体和固冲进气道的铸钛零部件,铸铝裙和扩张段壳体锥如图 10-2 和图 10-3 所示。由于铸件的厚度多在 8 mm 以上,产生的缺陷也比焊接缺陷显示更直观、尺寸更大,可以实现数字化检测,但与焊缝检测一样,受制于检测、验收标准等原因,目前还是采用照相检测技术。

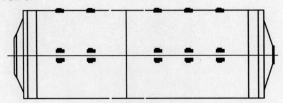

图 10-1　发动机壳体基本结构示意图

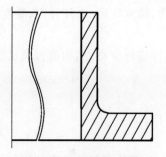 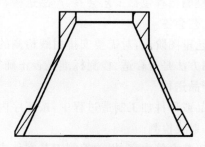

图 10-2　铸铝裙示意图　　　　　图 10-3　铸铝扩张段示意图

现有多套先进的 YXLON　X 射线检测系统,为高稳定恒电压 X 射线机,采用 40 kHz 高频设计,具有自检测功能,工作过程中的管电压、管电流一直受监控,保证了参数高精度、高稳定输出和良好的重复性,X 射线线质均匀,配置周向、定向系列金属陶瓷 X 射线管,对钢的有效检测厚度小于等于 20 mm,能完成不同规格发动机壳体焊缝及金属件的射线检测。以下部分就 X 射线照相检测技术在工厂的应用进行介绍。

10.1.1　检测方法的原理

X 射线检测用于发动机壳体焊缝和铸件的内部质量控制。检测原理是利用 X 射线穿过工件后,有缺陷的部位和正常部位对射线的吸收、衰减程度不同,利用射线胶片将其记录下来,获得缺陷在工件中的性质、大小、平面投影位置。

射线照相就是通过投影把具有三维尺寸的试件(包括其中的缺陷)投射到底片上,转化为只有二维尺寸的图像。由于射线源、物体(含其中缺陷)、胶片三者之间的相对位置、角度变化,会使底片上的影像与实物尺寸、形状、位置有所不同,常见有重叠、放大、畸变、相对位置改变等现象。

影像的重叠性使得物体中不同位置的缺陷,在射线检测的影像上可能表现成一个缺陷,这给射线检测影像的判断带来困难;在实际射线照相中,缺陷影像畸变是经常发生的,这是由于缺陷总是具有一定的体积,具有一定的空间分布,形状常常是不规则的,这些情况使得透照时总会存在不同部位放大不同,造成了影像畸变;因为射线源焦点都有一定的尺寸,在一般的情况下,影像都存在一定程度的放大,因为工件壁厚较薄,所以通常认为影像尺寸与实物是 1:1。

10.1.2　检测基本流程

射线检验工序一般应根据制造或装配工艺规范、技术文件的规定进行安排,在有利于缺陷检出的工序进行。发动机金属壳体根据材料的不同,焊缝检测可以安排在整体退火后或局部退火后进行,但在壳体最终热处理之后根据工艺要求对已进行过射线检测的焊缝再进行一次射线检测,所以在设计、工艺会签阶段,一定要考虑不同工序产生的焊缝之间是否相互干扰;对于铸件要考虑一些部位如厚度差过大的结合部能否透照。

对于零部件焊缝互不干扰的产品,在不影响焊缝后续排故、补焊等情况下,可以将多道探伤工序进行合并,减少产品退火、周转次数,大幅提高检测效率。例如-15 系列壳体在退火状态下,对前后封头体外的 7 条环焊缝的射线探伤工序合并成一道检测工序。

基本检测流程包括工艺会签、产品送检、X射线检测、暗室处理、底片评定、签发报告。

(1)工艺会签

在工艺审图阶段,对需要安排射线检测的产品或部件进行审查:结构能否满足相应的检测要求、检测方法是否合适、检测标准是否正确等。

(2)产品送检

在产品或部件加工制造过程中,按工序内容进行送检。

(3)X射线检测

根据工艺会签内容,提前编制工艺文件或工艺卡片,对产品或部件做出相应的检测。检测过程主要包括暗室处理包胶片、编号、对工件分段标识、黏贴胶片、透照等。

射线照相检测与我们熟悉的生活拍照有相似的地方,成像介质都是胶片,但是工业照相是透射式成像,为使胶片充分感光,达到一定的底片质量,所需的曝光时间少则几分钟,多则数小时。射线透照曝光时间一般在3～12 min之间。

(4)暗室处理

暗室处理是照相检测中的一个重要环节,对后期底片评定和质量控制影响很大。分为手工处理和自动洗片机处理两种方式。传统暗室处理方式为手工冲洗处理,底片质量较高,但受操作人员技能水平影响较大,一套洗片程序下来需45～60 min,还不包括底片晾干时间,效率低;自动洗片机具有效率高、重复性好,非常适合批产检测,从洗片到拿到干片仅需12 min,目前底片冲洗现已全部采用自动洗片机处理。

底片质量要满足以下几个要求:①底片黑度在相关标准规定的范围内;②像质计灵敏度满足相关标准要求;③标记齐全;④有效透照区齐全;⑤伪缺陷不得影响评定。

(5)底片评定

底片评定是射线照相检测中非常重要的环节,对评片人员的综合素质要求较高,必须经过系统的专业培训,并通过相关部门考核确认具有承担此项工作的能力与资格,一般要求具有RT—Ⅱ级及以上资格证书人员担任。

另外,对评片的环境和设备在相关标准上都有明确的规定。

评片工作一般包括下面的内容:①评定底片本身质量的合格性;②正确识别底片上的影像;③依据从底片上得到的工件缺陷数据等信息,按照验收标准或技术条件对工件质量作出评定;④完成有关的各种原始记录和资料整理。

10.1.3 对焊接接头和待检铸件的表面要求

在射线检测前,对焊接接头的表面应经外观检测并确认合格。透照前应清除妨碍检验和影响底片上缺陷辨认的多余物。对于焊接件,应清除表面氧化皮、飞溅、铁屑等物,对壳体焊缝内表面打磨时需要用弹性磨盘进行抛光,避免粗砂轮的打磨痕迹对射线底片的评定造成干扰,另外对焊缝外表面的收弧点抛光,提高弧坑微裂纹的检出率。

对于铸件,应清除型砂、金属屑及油污,浇冒口应完全切除。考虑到边蚀效应,一般在铸件的边缘留有不少于5 mm的盲区。对铸件表面的缺陷无法判定深度时,可以在粗加工后对该部位进行复探。

10.1.4　射线检测透照布置

透照布置就是射线源、工件、胶片之间的相对位置关系,因为单壁透照灵敏度高于双壁透照模式,在选择透照布置的情况下,所以只有在单壁透照存在困难或不能实现的情况下,方可采用双壁透照方式。我厂的射线管头的最小直径为 110 mm,在射线能量足够的前提下,只要壳体接头开口尺寸大于 110 mm,就能进行单壁透照;对于更小直径的壳体或小管因为无法将射线源放进壳体内部就只能采取双壁透照方式,例如对-58 机加工壳体环焊缝的检测。

在对纵向焊缝或小直径($D\geqslant110$ mm)壳体环焊缝检测时,为了能一次性尽可能多的检测焊缝或提高检测效率,透照焦距(射线源到胶片的距离)可以适当增大或缩小,受设备能量和照相灵敏度限制,焦距不宜过大,一般不大于 1 000 mm;而焦距过小时,受射线源焦点尺寸和工件壁厚的影响,几何不清晰度增加,灵敏度会降低,同时有效检测范围也会随之缩小。如图 10-4 所示;另外随着焦距的减少,有效检测范围也会减少,检测效率也会大幅降低。

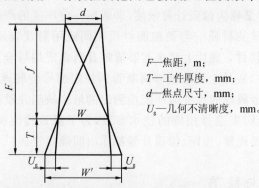

F—焦距,m;
T—工件厚度,mm;
d—焦点尺寸,mm;
U_g—几何不清晰度,mm。

图 10-4　影像的放大和几何不清晰度形成示意图

所以,选择焦距要综合考虑检测效率和质量的问题。

根据射线管头辐射方式分为周向曝光和定向曝光。

对壳体上圆筒与圆筒对接环焊缝,选取中心透照法(周向曝光)。即将周向射线管置于环形工件中心轴线上,窗口对准焊缝,胶片紧贴焊缝外表面进行曝光,该方法因其具有透照效率高、透照角度好的特点而在检测对接环焊缝时优先采用。

检测圆筒纵向焊缝或大直径封头体等焊缝时,一般选用定向曝光。该方法具有灵敏度高、射线束指向性强、穿透厚度大等优点,在对某些疑点进行分析研究时多采用这种方法进行验证。但是一件产品要透照多次才能完成,每次透照都需对射线管或工件重新定位,检测效率较低。

不管采用哪种方法透照时射线束中心均应垂直指向透照区中心,并在该点与被透照区平面或曲面的切平面垂直。如果不能从此方向透照或从此方向透照不利于缺陷的检出时,也可从其他合适的方向进行透照。另外,粘贴胶片应尽可能紧贴焊缝,同时还要考虑缺陷的性质,胶片尽可能靠近缺陷容易产生的部位,对该部位的裂纹检出率也就会更高。例如对圆筒卷焊来讲,焊缝根部容易产生裂纹,胶片就应该紧贴在焊缝内表面。

10.1.5　照相技术级别

射线照相检测灵敏度级别分为 A 级(普通级)、B 级(高级)。

射线照相技术级别的选择是根据产品验收标准的实际需要由供需双方签订的协议或相关技术条件、图样等明确规定的。当委托方往往提不出具体的要求,产品技术条件、设计图纸又无明确规定时,会给技术级别的选择带来一定的困难。

所以,这就要求有经验的射线检验人员应能根据产品的特性和验收标准的规定,选择合适的级别,以保证满足产品质量的需要,对发动机壳体焊缝和金属件来讲,射线照相检测灵敏度一般选择 B 级要求。

射线照相检测灵敏度是指在射线底片可以观察到的最小缺陷尺寸或最小细节尺寸;从定性方面而言,是指发现和识别细小影像的难易程度。定量上是指在射线底片上所能发现的沿射线穿透方向上的最小尺寸,称为绝对灵敏度。用金属丝尺寸(像质计)作为底片影像质量的监测工具而得到的灵敏度又称为像质计灵敏度,即透照一定厚度的产品要求能发现一定直径、一定长度的金属丝,金属丝的材质应与被检测材质相同或用射线衰减相差不大的材质制成。按 B 级透照要求,对于焊接件,底片上要求能够清晰看到规定编号金属丝的长度不得小于 10 mm,对于厚度均匀的铸件,底片上要求能够清晰看到规定编号金属丝的全部长度。但是由于缺陷性质的复杂性,最细金属丝的尺寸与所能检测出的最小缺陷并没有直接对应关系。

根据灵敏度选择的不同来选择相应的技术参数,为了保证检测灵敏度,对检测的技术参数:透照方式、射线能量、曝光量、焦距、像质计等都作出明确规定。

10.1.6　焊缝结构与缺陷

1. 发动机壳体焊缝

发动机壳体焊逢常见形式如图 10-5 所示。

一般分为以下几种:

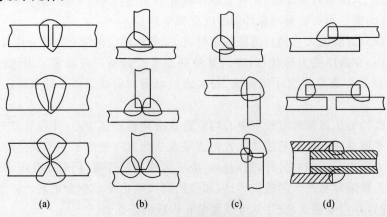

(a)　　　　　(b)　　　　　(c)　　　　　(d)

图 10-5　常见焊接焊缝

(a)对接接头;(b)下形接头;(c)角接接头;(d)搭接接头

1)环向焊缝:常见的焊缝类型。如圆筒与圆筒的对接焊缝,封头体上接头与冲压封头的对接焊缝;还有一些变曲面的对接焊缝。

2)纵向焊缝:常见的焊缝类型。如卷焊圆筒的焊缝。

3)T 型焊缝:壳体外部件的角焊缝。

4)搭接焊缝:裙框与封头体的焊缝。

焊接接头分为 3 个部分:焊缝区、熔合线、热影响区,图 10-6 和图 10-7 所示是熔焊接头的基本结构。

焊缝区:由焊条金属和母材金属熔化、发生化学反应后形成的焊缝金属。

熔合线:焊缝区外侧至母材部分熔化的区域。

热影响区:母材部分熔化区和母材发生固相组织变化的区域。

X 射线检测时这三个区都是被检区域,热影响区的检测宽度不少于 10 mm。

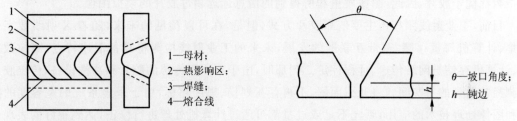

1—母材;
2—热影响区;
3—焊缝;
4—熔合线

θ—坡口角度;
h—钝边

图 10-6　熔焊接头的结构　　　　　　　图 10-7　V 形坡口结构示意图

2. 焊缝缺陷类型

由于焊接工艺不当、焊接操作存在问题、接头准备和焊接材料不符合要求、焊接结构设计不合理等原因,均可造成焊接缺陷。熔焊过程中产生的缺陷主要有 5 类:

1)熔合不良类:未焊透、未熔合;

2)裂纹类:热裂纹、冷裂纹;

3)孔洞类:气孔、缩孔;

4)夹杂物类:夹渣、夹钨;

5)成形不良类:咬边、烧穿、焊瘤等。

10.1.7　铸造种类和缺陷

砂型铸造、金属型铸造、熔模铸造,砂型铸造是最常用的铸造方法。铸件的质量,除了直接与铸造合金相关外,主要与铸件设计、铸件制造工艺、铸造操作因素相关。

铸件中常见的内部缺陷可分为下面 4 类:

1)孔洞类缺陷,如气孔、针孔、缩孔、缩松、疏松;

2)裂纹类缺陷,如冷裂纹、热裂纹、白点、冷隔;

3)夹杂类缺陷,如夹杂物、夹渣(渣孔)、砂眼;

4)成分类缺陷,如偏析。

10.1.8　质量控制

根据相应的验收标准对底片进行评定,对不合格的焊缝或铸件可以进行缺陷排除、补焊、退火(或局部退火等热处理方式)、X 射线检测,但为了保证产品或零部件的质量,有关标准对补焊的次数和长度都有明确的规定:同一位置补焊次数不得超过 2 次,对于焊接件来讲,在重复强化热处理前(退火状态)允许返修焊一次;对不同级别的焊缝补焊长度也有不同的规定。

10.1.9 工业射线照相技术的未来

从理论上说,数字化图像是由像素来组成图像,它的空间分辨率不如传统胶片模拟图像的高。但是由于人体肉眼对空间分辨率的感知有一定的限度,超过这个限度即不可分辨。以 X 射线 CT 为例,它的高密度分辨率是胶片无法比拟的,从图像的对比度、宽容度和所具备的灰阶指数都优于胶片,因此,图像质量和所得到的信息远远超过胶片的模拟图像。

目前,工业射线照相还主要依靠胶片方式,但是,在可以预见的未来,随着 X 射线数字化采集、计算机海量存储、宽带互联网的发展,未来的工业射线检测将具备下述特点:图像数字化、计算机存储与网络传送、远程评定。到那时,由于不使用传统的胶片和冲洗设备,传统胶片检测经常遇到的一些问题将迎刃而解,不再存在划伤、黑度超标,由于采集系统的宽容度的提高和图像处理技术的应用,曝光不足或过量都可通过计算机处理进行修正,达到很好的表现焊缝图像的程度,将极少需要补拍;对于具有延迟性缺陷,还可以通过对图像进行数学计算,使变化的部分得以突出显示;将不再需要庞大的底片库,底片的保管问题可以很容易得到解决;由于宽带网络传输的方便快速,就完全能实现远程集中评片,更有效地杜绝人为因素的影响,防止舞弊行为的发生;此外消除了工业重金属污染,有利于环境保护。

10.2 超声波检测技术

超声检测是利用进入被检材料的超声波(> 20 kHz)对材料表面与内部缺陷进行检测。利用超声波进行材料厚度的测量也是常规超声波检测的一个重要方面。此外,作为超声波检测技术的特殊应用,超声波还用于材料内部组织特性的表征。

利用超声波对材料中的宏观缺陷进行探测,依据是超声波在材料中传播时的一些特性,如声波在通过材料时能量会有损失,在遇到两种介质的分界面时,会发生反射等,常用的频率为 0.5~25 MHz。

10.2.1 超声波的特性

超声波之所以广泛地应用于无损检测,是因为超声波具有指向、穿透、反射、折射、波形转换等重要特性

1. 指向特性

超声波的能量能够集中地向一个方向发射,这就是超声波的指向特性,简称指向性。

2. 穿透特性

超声波波长短,振速高,能量大,在大多数介质中传播时,穿透能力强,传播距离远,这就是超声波的穿透特性。检测一些金属材料时,超声波的穿透深度可达数米,这是其他无损检测方法无法比拟的。

超声波穿透特性是穿透法探伤的理论基础。

对板料薄板(壁厚 6.0 mm 以下)及中厚板探伤,针对主要的分层、裂纹、折叠、夹杂等缺陷,钢厂利用穿透法探伤原理检测,主要采用自动化检测系统进行超声波检测,效率高。

3. 反射特性

当超声波从一种介质射向另一种介质时,在异质界面上,一部分或全部能量被反射回前一种介质,这种现象就是超声波的反射特性。

超声波的反射特性是脉冲反射法探伤的理论基础。

由于板料数量较少,工厂目前没有采用自动化系统检测,而采用脉冲反射法探伤,薄板(常用壁厚 2.0 mm,2.5 mm,3.5 mm,4.1 mm 及 4.6 mm 等),主要采用兰姆波探伤方法;中厚板(常用壁厚 10 mm,20 mm,30 mm)主要采用接触法(双晶探头＋斜探头)探伤。

锻件、棒料、旋压件等的超声波检测,工厂主要采用脉冲反射法进行。

4. 折射特性

当超声波传播到两种不同介质的分界面时,一部分能量穿过界面进入第二介质,由于两种介质的声速不同,进入第二介质的超声波,通常会改变传播方向,这种在异质界面上超声波改变传播方向的现象就是超声波折射特性。

超声波折射特性是斜射法探伤的理论基础。薄板、旋压圆筒、旋压封头等件工厂采用斜射法原理进行超声波检测。

5. 波形转换特性

当超声波传播到两种不同介质的分界面时,在异质界面上,不仅会产生波形相同的反射和折射波,还会产生改变波形的反射波和折射波,这种在异质界面上超声波由一种波形转变成为另一种波形的现象称为波形转换。超声波在传播中改变了波形的波称为变型波。

超声波的波形转换特性是横波法探伤的理论基础。

10.2.2　超声波的波形

1. 纵波

质点振动方向平行于波的传播方向的一种波形。纵波是超声波检测中应用最普遍的一种波形,也是唯一在液体、气体和固体中均可传播的波形。由于纵波的发射与接收较容易发现,在应用其他波形时,常采用纵波声源经波形转换后得到所需波形。

工厂常用型号锻件(环形件、筒形件、方形件、中厚板及棒料等),主要采用纵波接触法检测。

2. 横波

质点振动方向垂直于波的传播方向的一种波形。由于横波的传播需要介质中存在剪切应力,而气体和液体不能产生剪切形变,所以横波不能存在。但在固体中纵波和横波都能存在。

$\phi 2$ m 旋压圆筒探伤时,采用的 K2.5 斜探头探伤;$\phi 2$ m 旋压封头探伤时,采用的 K3.0 斜探头探伤及 $\phi 2$ m 旋压封头中厚板探伤时,采用的 K1.0/K2.0 斜探头探伤等,就是采用横波进行检测。

3. 瑞利波(表面波)

沿材料表面传播的一种波形,其中质点沿椭圆轨迹运动,椭圆运动是纵向振动(平行于传播方向)和横向振动(垂直于传播方向)的合成。与横波一样,也不能在气体和液体中传播。质点的振动能量随着深度的增加而迅速减弱,通常认为瑞利波穿透深度约为一个波长,因此,它只能检测表面、近表面缺陷。瑞利波可以沿圆滑曲面传播而没有反射,对表面裂纹具有很高的灵敏度。

对某些工件的表面及近表面的裂纹缺陷,工厂常利用表面波探头进行检测及验证。

4. 兰姆波

兰姆波是一种在薄板中传播的波形,当频率、板厚与波的入射角成一定关系时才能产生。与瑞利波不同,兰姆波传播时整个板厚内的质点均产生振动,振动模式是纵向振动与横向振动的合成。

对薄板(壁厚不大于 6.0 mm)的探伤,工厂主要利用兰姆波进行超声波检测。

10.2.3 超声波入射到声阻抗不同的界面上

1. 超声波垂直入射到界面上的反射与透射

当超声波垂直入射到两种介质的界面时,一部分能量透过界面进入第二种介质,成为透射波,波的传播方向不变;另一部分能量则被界面反射回来,沿着与入射波相反的反向传播,称为反射波。声波的这一性质是超声波检测缺陷的物理基础。通常将反射声压与入射声压的比值称为声压反射率 r,它与两种介质声阻抗的差异直接相关,其表达式为

$$r = \frac{Z_2 - Z_1}{Z_2 + Z_1} \tag{10 - 1}$$

式中,Z_2、Z_1 分别为第二介质和第一种介质的声阻抗。

声能反射率为声压反射率的平方。反射声能与透射声能之和等于入射声能。因此,界面两侧的介质声阻抗差越大,反射声能越大,透射声能越小。

进行超声波检测时,必须考虑声压反射率的影响,如接触法和水浸法中将声波引入工件时,耦合剂与工件界面上的声能损失;缺陷与材料之间的声阻抗差异是否足够引起强的反射波,以便检出缺陷等。

2. 超声波倾斜入射到界面上的反射、折射与波形转换

当超声波以相对于界面入射点法线一定角度(入射角),倾斜入射到两种不同介质的界面

时,在界面上会产生反射、折射和波形转换现象(见图 10-8)。

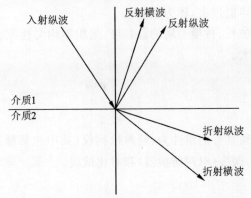

图 10-8　超声波倾斜入射到界面上的的行为示意图(以纵波入射波为例)

10.2.4　超声波的声场

超声检测时的声源通常是有限尺寸的探头晶片,晶片发射的声波形成一个沿有限范围向一定方向传播的超声束。随着声波在介质中逐渐向远处传播,由于衍射的作用,声束范围逐渐扩大,称为声束扩散。这种扩散导致声场中声强(或声压)随距声源距离的增大逐渐减弱见(见图 10-9)。

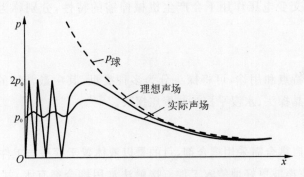

图 10-9　圆形声源轴线上的声压分布

在远场区,由于声压以一定规律单调下降,可以将超声反射波的幅度与反射体的尺寸相关联。当声束直径大于缺陷尺寸时,超声反射回波的幅度与缺陷的面积成正比,因此,可以用反射脉冲的幅度来评价缺陷尺寸。由于实际缺陷可有多种影响超声反射的因素,超声检测对缺陷尺寸的评定是通过与标准人工缺陷对比反射幅度的方式进行的。常用的表示方法为缺陷的平底孔当量。当缺陷反射幅度与某一尺寸的圆形平底孔反射相等时,称该平底孔的尺寸为缺陷的平底孔当量。为了能够用反射波幅度进行缺陷当量评定,只要可能,应尽量使用远场区进行缺陷的评定(在远场区评定缺陷,误差小,较接近真实尺寸)。

10.2.5　超声波在传播过程中的衰减

超声波在通过材料传播时能量随距离的增大逐渐减小,称为衰减。引起衰减的原因主要有三个方面,一是声束的扩散;二是材料中的晶粒或其他微小颗粒对声波的散射;三是介质的黏滞性使质点摩擦导致的声能损失,称为吸收。

散射衰减与超声波的波长、被检金属的晶粒度、组织不均匀性等有关。散射通常随频率的增高和晶粒度的增大而增大。

10.2.6　设备器材

一个超声检测系统必须具有的组件为:超声检测仪(其中包括脉冲发射源、接收信号的放大装置、信号的显示装置)、探头(电声转换器)和对比试块。

1. 超声检测仪

超声波探伤仪主要分两种:①模拟式超声波探伤仪;②数字式超声波探伤仪。

工厂主要采用数字式超声波检测仪,武汉汉威 HS600,HS510,HS511,美国 GE 公司 USN60 以及水浸探伤设备 SONIC - 18VFD。

2. 探头

超声波探头常用材料为石英单晶、锆钛酸铅陶瓷等。

压电换能器将电脉冲转化为超声脉冲,再将超声脉冲转化为电脉冲,也就实现了电能和声能的相互转换。压电换能器进行电声能转换的原理是利用某些晶体在机械变形时产生电压的特性,以及相反地,在交变电压作用下会产生机械伸缩的特性,分别称为压电效应和逆压电效应。

3. 探头的类型

根据探头的结构特点和用途,可将探头分为多种类型,其中最常用的是接触式纵波直探头、接触式斜探头、双晶探头、水浸平探头与聚焦探头。

4. 耦合

探头与工件间的声耦合需采用耦合剂,目的是以液体置于探头与工件之间代替空气间隙,增大声能的透过率,使声波更好地传入工件。接触法常用耦合剂有水、甘油、机油、变压器油、水玻璃、水银、化学浆糊等。水浸法中水就是耦合剂,有时也采用油进行液浸法检测,但对高频声波衰减较大。

选择耦合剂的原则如下:

1)透声性能好。声阻抗大或尽量和被检材料的声阻抗相近。

2)有足够的润湿性、适当的附着力和黏度。

3)对工件无腐蚀。对人体无损害。对环境无污染。

4)容易清除。不易变质。价格便宜。来源方便。

耦合剂材料:水、甘油、机油、变压器油、水玻璃、水银、化学浆糊等。

5. 水浸自动检测系统

传统的接触法手工扫查超声波检测具有简便灵活成本低等优点,但其检测过程受人为因素影响较大,为了提高检测可靠性,对一定批量生产的具有一定形状规格的材料和零件,越来越多地采用自动扫查、自动记录的超声检测系统。为了能使探头相对与工件作快速的扫查,非接触的水浸或喷水检测方式具有很大的优势。由于超声检测要求扫除到整个工件表面,且在扫查过程中保持探头相对于入射面的角度和距离不变,因此,需针对不同形状、规格的工件设计专用的机械扫查装置。

水浸检测法探头和工件之间有一层液体(水)进行特殊的方法。水浸探伤法的优点是,探头不直接接触工件,不易磨损探头,探伤结果重复性好,容易实现自动化探伤检查效率高。

目前工厂水浸自动检测系统,用于 4 号固定体壳体的超声波探伤及一些预研型号模锻件的超声波探伤。

6. 标准试块与对比试块

超声检测用试块通常分为两种类型,即标准试块(校准试块)和对比试块(参考试块)。图 10 - 10 所示为纵波检验用标准试块,图 10 - 11 所示为一些典型对比试块。

标准试块是具有规定的材质、表面状态、几何形状与尺寸,可用以评定和校准超声检测设备的试块。标准试块通常由权威机构讨论通过,其特性与制作要求有专门的标准规定。

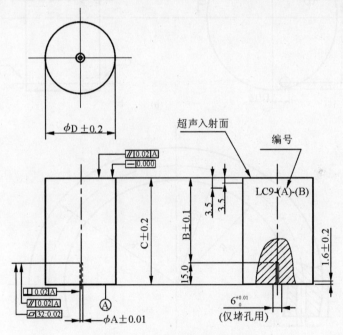

图 10 - 10　纵波检验用标准试块

对比试块是以特定方法检测特定试件时所用的试块,它与受检件或材料声学特性相似,含有意义明确的参考反射体(平底孔、槽等),用以调节超声检测设备的状态,保证扫查灵敏度足以发现所要求尺寸与取向的缺陷,以及将所检出的缺陷反射信号与已知反射体所产生的信号相比较。

被检材料制作的对比试块或者由被他工件中选取有缺陷的工件作为对比试块(称为自然缺陷试块),这种试块中的缺陷形状、大小、方位都应具有代表性,符合工件的有关要求。如旋压圆筒探伤,可以将旋压件上的不合格的具有代表性的缺陷部位截留下来,按照试块加工原则,加工成对自然缺陷试块,作为探伤检测的对比试块。

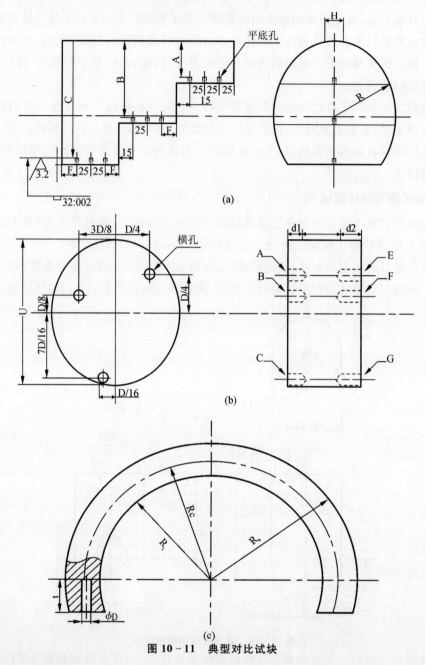

图 10 - 11　典型对比试块

10.2.7　检测技术

超声检测技术有许多种分类的方法。按原理分类,可分为脉冲反射法、穿透法、共振法;按波形分类,可分为纵波检测、横波检测、瑞利波检测、兰姆波检测;按耦合方式分类,又可分为接触法、液浸法等。

首先需根据检测对象的形状、尺寸、材质以及需检测缺陷特征,选择适当的检测技术,也就是确定波形、入射方向、用于显现缺陷的超声特征量(幅度、时间、衰减)以及耦合方式、显示方式等,以便最大可能地实现检测的目的。之后,需选择适当的仪器、探头、耦合剂,设计适当形式的对比试块,确定正确的操作步骤与方法(包括试件准备、仪器调整、扫查方式、缺陷信号的评定方法、记录方法)。需编制检测规程或检测工艺卡,将上述内容以文件形式固定下来,以指导操作者正确地完成检测过程,得到可靠的检测结果。

1. 脉冲反射法与穿透法

脉冲反射法是由超声波探头发射脉冲波到试件内部,通过观察来自内部缺陷或试件底面的反射波的情况来对试件进行检测的方法。图 10－12 显示了接触法单探头直射声束脉冲反射法的基本原理。当试件中不存在缺陷时(图 10－12(a)),显示波形中仅有发射脉冲 T 和底面回波 B 两个信号。而当试件中存在缺陷时,在发射脉冲与底面回波之间将出现来自缺陷的回波 F(图 10－12(b))。通过观察 F 的高度可对缺陷的大小进行评估,通过观察回波 F 距发射脉冲的距离,可以得到缺陷的埋藏深度。当材质条件较好且选用探头适当时,脉冲回波法可以观察到非常小的缺陷回波,达到很高的检测灵敏度。但是,脉冲反射法不可避免的一个问题是存在盲区。

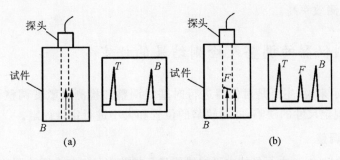

图 10－12　接触法单探头直射声束脉冲反射法

(a)无缺陷;(b)有缺陷

目前,工厂锻件主要采用该方法(脉冲反射法)进行探伤,由于脉冲反射法不可避免存在盲区的问题,探伤工艺会签时,要求锻件单边盲区不小于 5.0 mm;在型号锻件探伤时,对重要件,采用双面探伤,减小盲区,以确保锻件的探伤质量。

2. 直射声束法与斜射声束法

使声束轴线垂直于检测面进入试件进行检测的方法,称为直射声束法。直射声束法可以是单晶直探头脉冲反射法、双晶探头脉冲反射法和穿透法。通常所谓纵波检验,即是指直射声束纵波脉冲反射法。直射声束法的耦合方式可以为接触法或水浸法。直射声束脉冲反射法主要用于铸件、锻件、轧制件的检验,适用于检测平行于检测面的缺陷。由于波形和传播方向不变,缺陷定位比较方便、准确。对于单直探头检验,由于声场接近于按简化模型进行理论推导的结果,可对缺陷尺寸进行当量评定。

使声束以一定入射角(大于 0°)进入检测面,并利用在试件中沿与检测面成一定角度的方向传播的波进行检测的方法称为斜射声束法。根据角度选择的不同,试件中产生的波形可同时有纵波与横波,也可以为纯横波或表面波。横波检测通常使入射角在第一临界角和第二临界角之间,以便在工件中产生纯横波。斜射声束法主要用于管材、焊缝的检测,其他试件检测时,常作为一种有效地辅助手段,以发现与检测面成较大倾角的缺陷。

3. 接触法与液浸法

接触法检测时将探头与试件表面直接接触进行检测的方法,通常在探头与检测面之间涂有一层很薄的耦合剂,以改善探头与检测面之间声波的传导。

液浸法是将探头和试件全部或部分浸于液体中,以液体作为耦合剂,声波通过液体进入试件进行检测的方法。液浸法最常用的耦合剂为水,此时,又称为水浸法。虽然液体中只有纵波能够传播,但随着声束在试件表面入射角的不同,试件中同样可以产生纵波、横波、表面波、兰姆波等波形,从而实现不同波形的检测。

接触法与液浸法各有特点,可以认为,接触法作为最基本的检测方法,能够满足绝大多数产品的要求,且操作简便,成本低,便于灵活机动地适应各种场合与目的;而液浸法检测人为因素少,检测可靠性高,对粗糙表面适应性好,对于固定产品、要求高分辨力、高灵敏度、高可靠性的检测对象,以及表面未经机加工的试件,采用液浸法检测较为有利。对于穿透法检测,液浸法(局部喷水发)可以提供很大方便。

对于液浸法(局部喷水法),大型锻件(如 $\phi2m$ 叉形件等)可以考虑进行局部液浸法超声波探伤,即安全又检测效率高。

10.2.8　检测仪器的调整及检测结果的评定

对于 A 型显示来说,主要是对仪器进行时基线调整和检测灵敏度调整,以保证在确定的检测范围内发现规定尺寸的缺陷,并对缺陷的位置和大小进行定量评定。

1. 时基线的调整

时基线调整的目的,一方面是使水平扫描线显示的范围足以包含需检测的深度范围,另一方面,要使时基线刻度与在材料中声传播的距离成一定比例,以便准确地读出缺陷波的深度位置。

2. 检测灵敏度的调整

检测灵敏度的调整,要使仪器设置足够大的增益,以保证规定的信号在屏幕上有足够的高度,以便于发现所需检测的缺陷。

3. 检测结果的评定

(1)缺陷位置的评定

纵波直探头检测时,发现缺陷后,首先找到缺陷波为最大幅度的位置,则缺陷通常位于探头的正下方,根据缺陷波在预先调定的 A 型显示水平线上的位置读数,按时基线调整比例简单计算,即可得到缺陷的埋藏深度。

斜探头横波检测时,当找到缺陷波幅度最大的位置时,根据已知的折射角数值,无论仪器时基线读出的是声程(x)、深度(d)还是水平距离(l),均可通过简单的几何关系计算出其他位置数据。在计算缺陷深度时,需注意二次波检测的情况。

(2)缺陷尺寸的评定

缺陷尺寸的评定方法按缺陷尺寸相对于声束截面尺寸的大小,分为两种情况。缺陷小于声束截面使用当量尺寸评定法,缺陷大于声束截面时用缺陷指示长度测定法。

当量法是将缺陷的回波幅度与人工缺陷的回波幅度进行比较的方法,确定的尺寸为当量尺寸,典型表述为:缺陷当量平底孔尺寸为 $\phi2\,mm$,或缺陷尺寸为 $\phi2\,mm$ 平底孔当量。评定的方法有试块对比法和当量计算法。

10.2.9　新技术

相控阵技术、超声 TOFD 检测技术等新技术已广泛成熟地应用于航天、航空及相关领域的金属及非金属超声波探伤中。

1. 相控阵技术

（1）相控阵技术的特点

相控阵技术的特点如下：①一个探头有多个性质相同的晶片；②可以控制聚焦深度；③可以控制偏转角度；④可以控制波束宽度；⑤能够分别控制，形成几个不同的虚拟探头（VPA）；⑥扫查过程中能够形成大量的 A 扫数据；⑦超声波数据以 S 扫的形式显示出来。

（2）相控阵技术的优点

相控阵技术的优点如下：

1）快速。相控阵线性扫查比常规探头的光栅扫查要快得多，显著地减少了工厂的停工期，也节省了费用。

2）灵活。单个相控阵探头根据设置文件采用不同的扫查方式就可以检测不同的部件。

3）可进行复杂检测。相控阵可以检测几何形面复杂的试块，例如采用自动检测可以轻而易举地检测焊缝和槽。相控阵就是也可以采用各种扫查方式，例如双轴式，多种角度式，多种模式，分区扫描。

4）阵列尺寸小。小晶片的阵列在具体检测中易于应用，例如用在检测空间受限制的管道、叶轮等工件中。

5）机械可靠性强。检测时，在工件上移动量少，则检测系统越可靠。用电子扫查代替机械扫查，既减少了磨损，又增加了系统的可靠性。

6）方向难以辨别的缺陷可检测性增强。波束的聚焦增加了信噪比。在扇形扫查中，大量的 A 扫数据增加了每个角度的分辨率。

2. 超声 TOFD 检测技术

（1）TOFD 检测具有以下优越性

1）可以精确测量缺陷尺寸；

2）可以测量在壁厚方向上缺陷的尺寸，这为断裂力学评估提供了重要的数据；

3）它是唯一一种测量精度不受试件表面粗糙引起声波信号波幅波动影响的超声波检测技术；

4）对于对接焊接接头，TOFD 可以测量缺陷的尺寸以及缺陷距表面的深度；

5）利用绕射波的时间差代替波幅对缺陷进行定量，缺陷检出率比 A 型脉冲式超声波检测高。

（2）TOFD 检测的局限性

1）盲区。扫查近表面时会存在盲区，因为侧向波和缺陷之间显示不是很明显，在外表面附近有约 3 mm 的盲区，有约底面回波的存在，同样在底面也有盲区。高度倾斜的缺陷，例如在非平行扫查中的横向裂纹，通常难以检测出来。

2）定量精确性。对较长的条形缺陷的测长精度比较准确，但对于圆形缺陷和小条形缺陷的定量误差较大。

TOFD检测作为一种超声波检测新技术、与常规的脉冲反射式超声波检测相比,具有检测灵敏度高,检测精度不受波幅影响,可以检测到常规检测方法检测不到的缺陷等优点。更为关键的是,TOFD 检测可以测量缺陷的尺寸,为设备部件的可用性分析以及断裂力学评估提供精确的试验数据。

3. 其他超声波新技术

(1)超声波仿真技术

利用数学模型和大容量高速度计算机相结合,通过模拟超声波换能器在空间某点产生的声场强度,从而获取缺陷的超声波信号特征,不仅能够提高检测效率,还能提高检测的准确性和科学性,为安全评定和风险评估提供准确的计算参数。超声波仿真技术是采用数学模型对复杂检测对象超声波检测进行模拟仿真和可视化研究,从而进行可检性预测和检测工艺设计。从而使检测更具针对性,提高检测的准确性和可靠性。

(2)导波技术

超声导波检测技术是一种特殊的在线管道检测技术,也称为长距离超声遥探法。导波的产生机理相对复杂和多样,其主要形式包括板中的 SH 模式导波、板中的兰姆波及漏兰姆波、棒中的导波。导波在管壁中沿管壁的两个方向传播,可探测 100％的管壁体积,能够一次性检出在役管道的内外壁腐蚀以及焊缝的危险性缺陷,也能检出管材断面的平面缺陷(环向裂纹、疲劳裂纹等)。导波的检测灵敏度用管道环状截面上的缺陷损面积百分比评价,目前的检测水平可达 3％,即当缺损面积达到总截面的 3％便可检出。

10.3　磁粉检测技术

10.3.1　磁粉检测概述

1. 磁粉检测的基本原理

磁粉检测是利用磁现象来检测铁磁材料工件表面和近表面缺陷的一种无损检测方法。其基本原理,当工件被磁化时,若工件表面及近表面存在裂纹等缺陷,工件表面和近表面的磁力线会在材料不连续处发生局部畸变而产生漏磁场,漏磁场将吸附、聚集检测过程中施加的磁粉,在合适的光照下形成目视可见的磁痕,从而显示出缺陷的位置、形状和大小。磁粉检测原理如图 10 - 13 所示。

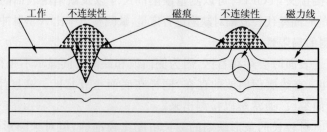

图 10 - 13　磁粉检测原理图

2. 磁粉检测的特点

磁粉检测是五种应用较为广泛的常规无损检测方法之一。磁粉检测的对象是铁磁性材料，包括未加工的原材料，加工后的半成品、成品以及在役或使用中的零部件。

磁粉检测的主要优点：

1）可以发现裂纹、夹杂、发纹、白点、折叠、冷隔和疏松等缺陷，缺陷显示直观，可一目了然地观察到它的形状、位置和大小。根据磁痕的形态及加工特点，还可大致确定缺陷的性质。

2）检测灵敏度高，工件表面的细小缺陷也能检查出来，如发纹等。但太宽的缺陷将使检测灵敏度降低，甚至不能吸附磁粉。

3）适应性好，几乎不受工件大小和形状的限制。只要采用合适的磁化方法，几乎可以检查到工件表面的各个部位。

（4）磁粉检测工艺简单，效率高，成本低。

磁粉检测的主要缺点：

1）只适用于检测铁磁性金属材料。

2）只能用于检测工件表面及近表面缺陷，不能检测出埋藏较深的内部缺陷。难于定量缺陷的深度。

3）检测灵敏度与磁化方向有很大关系。难于发现与磁化方向平行，或与工件表面夹角小于 20°的缺陷。

4）如果工件表面有覆盖层、漆层、喷丸层等，将对磁粉检测灵敏度起不良影响。覆盖层越厚，影响越大。

5）由于磁化工件绝大多数使用电流产生的磁场来进行的，因此，大的工件往往要用较大的电流。而且，磁化后一些具有较大剩磁的工件还要进行退磁。

6）通常都采用目视法检查缺陷，磁痕的判断和解释需要有一定的技术、经验和素质。

3. 表面无损检测方法的比较

磁粉检测、渗透检测和涡流检测都属于表面无损检测方法，但其原理和适用范围区别很大，有各自的优点和局限性。表 10-1 列出了三种检测方法的特点，在实际科研生产过程中，可根据工件材料、状态和检测要求，选择合理的检测方法。对于钢铁材料制成的工件，磁粉检测不管是在检测灵敏度、检测方法和检测成本都占有相当的优势。只有因材料或工件形状等原因不能采用磁粉检测时，才使用渗透检测或涡流检测。

表 10-1　三种表面无损检测方法的比较

比较项目　　检测方法	磁粉检测（MT）	渗透检测（PT）	涡流检测（ET）
方法原理	缺陷漏磁场吸附磁粉	毛细渗透作用	电磁感应作用
能检出的缺陷	表面及近表面缺陷	表面开口缺陷	表面及近表面缺陷
缺陷表现形式	磁痕	渗透液渗出显示缺陷	检测线圈相位和电压发生变化
适用材质	铁磁性材料	非多孔性材料	导电材料
主要检测对象	锻钢件、铸钢件、压延件、焊缝、管材、棒材、机加工件及使用中的钢件	任何非多孔材料制成的零部件及组合件，及使用过程中的上述部件	管材、棒材、线材等，可检查缺陷，或进行材料分选及厚度测量等
主要检测缺陷	裂纹、发纹、白点、折叠、夹杂、冷隔等	裂纹、疏松、针孔	裂纹、材质变化、厚度变化

续表

检测方法 比较项目	磁粉检测（MT）	渗透检测（PT）	涡流检测（ET）
缺陷显示	直观	直观	不直观
检测速度	快	较慢	最快
污染	轻	较重	最轻
灵敏度	高	高	低

10.3.2 设备器材

1. 磁粉检测设备

磁粉检测设备按重量和可移动性分为固定式、移动式和携带式三种。

固定式磁粉探伤机体积和重量较大，额定周向磁化电流一般为 1 000～10 000 A，能用于通电法、中心导体法、感应电流法、线圈法、磁轭法整体磁化或复合磁化等的磁化，适用于中小工件的探伤。

移动式探伤仪额定周向磁化电流一般为 500～8 000 A，能进行触头法、夹钳通电法和线圈法的磁化，这类设备一般装有可移动滚轮。

便携式磁粉探伤仪具有体积小、重量轻和携带方便的特点。额定周向磁化电流一般为 500～2 000 A，适用于现场、高空或野外探伤。

工厂现有各设备主要参数及性能见表 10 - 2。

表 10 - 2 工厂无损检测设备性能参数

设备型号	CZQ - 9000	JDC - 9000	XDT - A	CJZ - 212E
设备类型	交直流荧光磁粉探伤机	万能磁粉探伤机	旋转磁场多功能磁粉探伤机	便携式磁轭
检测方法	通电法、中心导体法、线圈法	通电法、中心导体法、线圈法	多向磁化法	磁轭法
磁化电流	周向 AC 9000A DC 9000A 纵向 AC 6000A DC 9000A	周向 AC 9000A 纵向 AC 4200A	2500A	220V 交流电
检测对象	薄壁旋压圆筒	螺栓、丝锥	小型异构件	焊缝
退磁方法	衰减法、超低频退磁	/	/	/
设备状态	完好	待报废	完好	完好

2. 退磁设备

退磁设备是用于消除工件剩磁的设备，按 HB/Z72 - 1998《磁粉检验》要求退磁设备退磁线圈中心磁场强度不应低于工件磁化时的磁场强度，退磁后工件任何部位的剩磁应不大于0.3 mT。

TCJ - 300 型退磁机,其中心最大磁场强度为 23 873A/m(300 oe)。

3. 测量仪器

磁粉检测中涉及到磁场强度、剩磁大小、白光照度、黑光辐照度和通电时间等的测量,因而还应配备一些测量设备,如毫特斯拉计(高斯计)、袖珍式磁强计、照度计、黑光辐射计、通电时间测量器和快速断电试验器等。

4. 磁粉与磁悬液

(1)磁粉

磁粉是显示缺陷的重要手段,磁粉质量的优劣和选择是否恰当,将直接影响磁粉检测结果。磁粉的种类很多,按磁痕观察,磁粉分为荧光磁粉和非荧光磁粉;按施加方式,磁粉分为湿法用磁粉和干法用磁粉。

(2)载液

磁粉检测常用油基载液和水载液。磁粉检测用油基载液是具有高闪点、低粘度、无荧光和无臭味的煤油。磁粉检测水载液是在水中添加润湿剂、防锈剂,必要时还要添加消泡剂,保证水载液具有合适的润湿性、分散性、防锈性、消泡性和稳定性。工厂主要使用油基载液,由无味煤油和变压器油按 1:1 的比例调和而成。

(3)磁悬液

磁粉和载液按一定比例混合而成的悬浮液体称为磁悬液。按 HB/Z72 - 1998 《磁粉检验》的要求,非荧光磁粉磁悬液浓度为 10~25 g/L,荧光磁粉磁悬液浓度为 0.5~2 g/L。

5. 标准试片和标准试块

磁粉检测标准试片(块)主要用于检验磁粉检测设备、磁粉和磁悬液的综合性能(系统灵敏度)。标准试片还可用于检测被检工件表面的磁场方向、有效磁化区和大致的有效磁场方向。标准试块也用于考察磁粉检测的试验条件和操作方法是否恰当,还可用于检验各种不同大小磁化电流在标准试块上大致的渗入深度,但不可用于确定被检件的磁化规范,也不能用于考察被检工件表面的磁场方向和有效磁化区。

标准试片分为 A 型、C 型、D 型和 M_1 型等,其中 A 型又分为 A_1,A_2 和 A_3 三种。JB/T 6065 - 1992《磁粉探伤用标准试片》规定了这几种试片的技术要求、检验、标志和使用方法。工厂主要使用 A_1 型,其形状尺寸如图 10 - 14 所示。

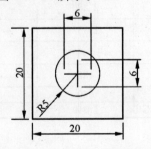

图 10 - 14　A_1 型试片形状和尺寸图

标准试块分为分 B 型标准试块和 E 型标准试块。直流或三相全波整流探伤机系统灵敏度用 B 型标准试块进行校验,交流电流和脉动电流探伤机系统灵敏度用 E 型标准试块进行校验,试验方法按 JB/T 6066 - 1992《磁粉探伤用标准试块》执行。

10.3.3 磁粉检测的方法分类

磁粉检测的检验方法,一般根据磁粉检测所用的载液或载体不同,分为湿法和干法检验;根据磁化工件和施加磁粉、磁悬液的时机不同,分为连续法和剩磁法检验。

1. 连续法和剩磁法

(1) 连续法

在外加磁场磁化的同时,将磁粉或磁悬液施加到工件上进行磁粉检测的方法。

应用范围:所有铁磁性材料和工件的磁粉检测;工件形状复杂不易得到所需剩磁时;表面覆盖层较厚的工件;使用剩磁法检验而设备功率达不到时。

工厂主要用连续法检验壳体外部件角焊缝、部分无法用射线检测或射线检测灵敏度达不到要求的壳体焊缝、薄壁旋压圆筒等。

(2)剩磁法

在停止磁化后,将磁悬液施加到工件上进行磁粉检测的方法。

应用范围:矫顽力在 1 000 A/m,剩磁在 0.8 T 以上的工件。常用钢材磁特性参数见表10 - 3。

工厂检验生产用或固体发动机用的非标螺栓、丝锥等,主要用剩磁法

表 10 - 3 常用钢材磁特性参数

材料牌号	拉伸强度、硬度或热处理状态	矫顽力 H_c/(A/m)	剩余磁感强度 B_r/T	最大相对磁导率 μ_{rm}
30CrMnSiA	原材料 HB 197	584	1.28	755
	σ_b=785 MPa	832	1.49	695
	σ_b=980 MPa	1 040	1.57	704
	σ_b=1 175 MPa	840	1.48	683
	σ_b=1 275 MPa	1 056	1.33	593
	σ_b=1 665 MPa	1 872	1.05	282
30CrMnSiNi2A	原材料 HB 207	904	1.11	575
	σ_b=1 470 MPa	2 280	0.72	159
	σ_b=1 665 MPa	2 352	0.97	217
A3	原材料 HB 130	144	0.82	1 300
20	原材料 HB 138	432	0.9	1 150
45	原材料 HB 156	640	1.27	896
	850℃水淬、390℃回火、HRC40	1 040	1.49	676

2. 湿法和干法

湿法是将磁粉悬浮在载液中进行磁粉检测的方法。干法是以空气为载体用干磁粉进行磁粉检测的方法。湿法具有较高的检测灵敏度,适用于压力容器焊缝等灵敏度要求较高的工件,是工厂主要采用的检测方法。湿法可检测出表面微小缺陷,如疲劳裂纹、磨削裂纹、焊接裂纹

和发纹等。

10.3.4　磁化方法和磁化电流

1. 磁化方法

磁粉检测的能力,取决于施加磁场的大小和缺陷的延伸方向,还与缺陷的位置、大小和形状等因素有关。工件磁化时,当磁场方向和缺陷延伸方向垂直时,缺陷处的漏磁场最大,检测灵敏度最高。当磁场方向与缺陷延伸方向夹角为 45°时,缺陷可以显示,但灵敏度降低。当磁场方向与缺陷延伸方向平行时,无法发现缺陷。在选择磁化方法时,应根据工件的几何形状,采用不同的方法直接、间接或通过感应电流对工件进行周向、纵向或多向磁化,以便发现不同方向的缺陷。工厂常用磁化方法的特点和应用范围见表 10－4。

表 10－4　工厂常用磁化方法的特点和应用范围

磁化方法	特点	应用范围	工厂应用
通电法	电流从工件上通过,形成周向磁场。用于检查与电流方向平行的不连续性	实心或空心零件,如焊接件、机加工件、轴类、管件	螺栓、丝锥
中心导体法	将导体置于空心工件的轴线上,电流通过导体,形成周向磁场。用于检查空心工件内、外表面与电流方向平行的不连续性级端头径向不连续性	有孔的工件,如空心圆柱、螺母、管件	薄壁旋压圆筒
线圈法	工件置于线圈中,或用软电缆绕在工件上磁化形成纵向磁场。用于发现工件的横向不连续性	纵长的工件,如轴类、管件、棒材、焊接件	螺栓、丝锥、薄壁旋压圆筒
磁轭法	用电磁轭两磁极夹住工件进行整体磁化或接触工件表面进行局部磁化。用于发现与两磁极连线垂直的不连续性	整体磁化适用于横截面积小与磁极横截面积的工件,局部磁化适用于大型工件的检验	焊缝
多向磁化法	同时在工件上施加两个或两个以上不同方向磁场,其合成磁场在零件上不断地变化,一次磁化可发现多个方向的不连续性	适用于管材、棒材、板材、焊接件、锻件	小型异形件

2. 磁化电流

为了在工件上产生磁场而采用的电流称为磁化电流。磁粉检测采用的磁化电流有交流电流,单相半波整流、单相全波整流、三相半波整流、三相全波整流的电流,直流电流和冲击电流 7 种,特点如下:

1)交流电流对表面缺陷灵敏度高,设备简单,易退磁,但渗入深度不如整流电流和交流电流。采用剩磁法检验时,还应加装断电相位控制器;

2)直流电流可检测工件近表面较深的缺陷,但退磁难;

3)整流电流中包含的交流分量越大,检测较深缺陷的能力越小;

4)冲击电流只适用于剩磁法检验和专用设备。

工厂主要使用磁粉检测技术检测铁磁性材料工件的表面和近表面缺陷,对表面的检测灵敏要求较高,因此,主要选择交流电作为磁化电流。

10.3.5　磁化规范

1. 周向磁化规范

（1）通电法周向磁化规范

通电法周向磁化规范按表 10-5 进行计算，当工件当量直径变化大于 30％时，应分段选用磁化规范。

（2）中心导体法

中心导体法的磁化规范按表 10-5 进行计算。

表 10-5　通电法磁化规范

检验方法	电流峰值大小	用　途
连续法	$I=12D\sim20D$	检验高磁导率材料工件的开口性缺陷
	$I=20D\sim32D$	检验高磁导率材料工件的非开口性缺陷； 检验较低磁导率材料工件的开口性缺陷
	$I=32D\sim40D$	检验较低磁导率材料工件的非开口性缺陷
剩磁法	$I=30D\sim45D$	检验矫顽力 $H_c\geqslant1\,000A/m$，剩磁 $B_r\geqslant0.8T$ 材料的开口性缺陷

注：$I=$ 电流，A；$D=$ 工件直径，mm；对非圆柱形工件 $D=$ 周长／π；最大相对磁导率 μ_{rm} 的铁磁性材料为高磁导率材料。

2. 纵向磁化规范

（1）连续法纵向磁化规范

连续法纵向磁化规范按表 10-6 进行计算。

表 10-6　连续法纵向磁化规范

填充系数	线圈安匝数	
$r\geqslant10$	工件紧贴线圈内壁放置	$IN=\dfrac{4\,500}{L/D}$
	工件置于线圈轴线	$IN=\dfrac{1\,690R}{(6L/D)-5}$
$2\leqslant r<10$	工件紧贴线圈内壁放置	$IN=\dfrac{4\,375\times(10-r)}{(L/D)+2}+\dfrac{5\,625\times(r-2)}{L/D}$
	工件置于线圈轴线	$IN=\dfrac{4\,375\times(10-r)}{(L/D)+2}+\dfrac{1\,690R}{6(L/D)-5}\times\dfrac{r-2}{8}$
$r>2$	$IN=\dfrac{35\,000}{(L/D)+2}$	

注：① $r=$ 线圈横截面积与工件横截面积之比；$IN=$ 安匝数；电流 I 为放入工件后的电流值；

② $R=$ 线圈半径，mm；$L=$ 工件长度，mm；$D=$ 工件直径或横截面上任意两点的最大距离，mm；

③以上公式在 $L/D\geqslant2$ 时有效。若 $L/D<2$，应在工件两端连接与工件材料相近的磁极块，使 $L/D\geqslant2$。当 $L/D\geqslant15$ 时，按 15 计算；

④若工件为空心件，则用有效直径 D_{eff} 代替 D 计算，D_{eff}。其中 $A_t=$ 工件总横截面积，mm²；$A_h=$ 工件空心部分横截面积，mm²。

（2）剩磁法纵向磁化规范

进行剩磁法检验时，考虑 L/D 的影响，空载线圈中心磁场强度应不小于表 10 – 7 中所列出的数值。

表 10 – 7 最小磁场强度数值

L/D	磁场强度/(kA/m)
圆盘形工件	36
>2～5	24
>5～10	16
>10	12

工厂退磁机中心最大磁场强度为 23 873A/m(300 oe)，即 24 kA/m。因此，工厂能进行剩磁法检验工件的 L/D 应大于 2。

（3）线圈法的有效磁化长度

线圈法外离线圈两端的有效磁化长度为 200 mm，工件长度超过有效磁化长度时，应分段检测。

3. 磁轭法磁化规范

采用磁轭法磁化工件时，可采用标准试片检查磁场强度是否符合要求，也可用毫特斯拉计测量，其正切磁场应不小于 2.4 kA/m。

10.3.6 磁粉检测操作方法

磁粉检测最基本的 6 个操作步骤：预处理、磁化工件、施加磁悬液或磁粉，磁痕分析和评定、退磁、后处理。

在施加磁粉和磁悬液的过程中，由于磁化方法有连续法和剩磁法之分，因此在施加磁悬液的时机有所不同，它们的操作程序也有所差异。连续法是在磁化过程中施加磁粉，剩磁法是在工件磁化后施加磁粉。

1. 预处理

对受检工件进行预处理是为了提高检测灵敏度、减少工件表面的杂乱显示、使工件表面状况符合检测的要求。预处理主要有以下内容。

1）清除工件表面的杂物，如油污、涂料、铁锈、毛刺、氧化皮、金属屑等；

2）采用通电法磁化时，应清除通电部位的非导电层和毛刺；

3）组合件凡能分解的，要分解为单个部件进行检测；

4）有剩磁干扰的，应先进行退磁；

5）对有小开口或孔穴的工件，最好将小开口和孔穴加以堵塞。

2. 连续法操作工序

连续法检验由以下几道工序组成。

1）将磁悬液充分搅拌，并用磁悬将工件表面润湿；

2）磁化与施加磁悬液同时进行，在浇注磁悬液的同时通电 1～3s，停止浇注后再通电数次；

  3）磁痕分析和评定；

  4）工件退磁。

  3. 剩磁法操作工序

  剩磁法检验由以下几道工序组成。

  1）工件磁化，通电时间不少于 0.5 s；

  2）将磁悬液充分搅拌，往工件上浇注磁悬液 2～3 遍，每次间隔 10 s，工件表面要均匀润湿；

  3）停放 1～2 min 后检查工件表面，进行磁痕分析和评定；

  4）工件退磁。

10.3.7　磁粉检测的时机

  为提高产品质量，以及在产品制造过程中尽早发现材料或半成品中的缺陷，降低生产制造成本，应当在产品制造的适当时机安排磁粉检测，安排的原则：

  1）检测程序一般应安排在容易产生缺陷的工序之后，如锻造、铸造、热处理、焊接、冷变形、机加工、磨削、矫正等；

  2）涂层、发蓝、喷丸、磷化等表面处理会给检测缺陷显示带来困难，一般应在这些工序之前进行磁粉检测；

  3）磁粉检测可在电镀之后进行，对镀铬、镀镍层厚度大于 $50\mu m$ 的超高强度钢（抗拉强度极限不小于 1 240 MPa）工件，在电镀前后均应进行磁粉检测。

10.3.8　磁粉检测的发展

  磁粉检测方法从原理上划分，更确切的说应该属于电磁检测的一部分。近年来发展电磁检测新技术包括涡流阵列检测技术及漏出检测技术。由于其使用环境条件及灵敏度等因素的限制，应用相对较少，目前也不适用于发动机无损检测领域。

10.4　本 章 小 结

  工厂无损检测专业涵盖：X 射线检测、超声检测、磁粉检测、渗透（着色）检测、涡流检测等五大常规检测方法。就目前的生产检测任务和常规无损检测技术来说，工厂无损检测技术水平已进入相对成熟、稳定的状态。

  在设备能力方面，目前拥有多套国际先进技术水平的德国 YXLON X 射线探伤系统，采用了具有国际先进水平的胶片系统；引进了五座标水浸 C-扫描超声波探伤系统及多台先进的数字式超声波探伤仪，将多种先进的超声波探伤技术应用于工厂的科研生产；购置了多功能旋转磁场、荧光复合磁场及先进的涡流探伤系统等国际先进水平的无损检测设备。

  在检测技术方面，结合欧美及日本在射线检测技术方面的理论，对检测技术中底片黑度、透照灵敏度、暗室胶片处理和观片灯亮度等重要因素对小裂纹检出率的影响分别做出了评价，对几何因素影响小缺陷检出率进行了研究，结合工厂检测对象的特殊性，在透照几何布置、设备器材选用和参数选择等方面，在相关标准基础上，形成了一套成熟的技术方案及质量控制程序，在薄壁超高强度钢焊缝射线检测技术方面处于国内领先水平。在超声波检测技术方面，采用高频导播技术解决了超高强度钢旋压件及薄钢板超声波检测存在的多项技术问题，制定了六项企业标准和四项院级标准，在薄壁金属件超声波检测技术方面具有较强的技术实力。工厂磁粉检测主要针对发动机用紧固件、金属壳体外部件以及小直径薄壁旋压壳体等型号产品的检测，在角焊缝磁粉检测方面积累了丰富的经验，是工厂无损检测主要组成部分。

图像化、自动化、智能化是无损检测技术发展的必然趋势，紧跟世界无损检测技术发展，开展了射线成像检测技术、TOFD 技术、超声波相控阵技术、阵列涡流检测技术等的应用研究，满足不断提高的产品质量要求，适应新材料应用、新型号研制需求。

思 考 题

1. 在对产品进行 X 射线检测时，如何根据产品的特点选择透照布置？
2. 超声检测技术有哪些分类，不同超声检测方法适用的产品类型是什么？
3. 磁粉检测技术有哪些分类，不同磁粉检测方法适用的产品类型是什么？

第 11 章 液压试验和应变测试

为确保产品工作的高可靠性,在产品加工完后需要进行耐压试验。耐压试验是对产品整体受力能力和密封能力检验的重要手段。耐压试验根据试验介质的不同分为液压试验、气压试验及气液混合试验。

液压试验是较常用的试验方式,通过在产品内部或外部充入试验介质,用以检查产品的强度及密封性能。试验介质一般选用在试验时,不会导致发生危险的液体,如油、水等。由于水无毒无味,容易得到且泄漏后污染小,是较常用的试验介质,因此也称为水压试验。用水作为试验介质,水温不得低于5℃,如果温度太低,试验时会在产品表面产生凝露现象,试验产品如果发生渗漏,将不易被发现。

水压试验是对产品整体受力能力和密封能力检验的重要手段,为考察和验证产品受内压后其定量内应力,一般需要测试其在不同压力状态下的应力分布和极限应力,以及在升降压过程中的材料微变形趋势和完全释放压力后的残余应力和微变形,通过上述定量测试数据,分析产品的可靠性。

应力的测量采用电测法。用应变片将所需测定的非电量转换为电量,然后通过一定的测量电路及仪表对此电量进行测量,测得了该电量,就可知与之成比例的非电量。"应变电测"法测量系统参见图 11-1 所示。

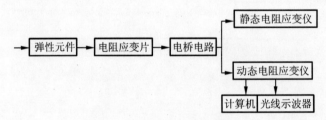

图 11-1 应变测试系统组成

11.1 水 压 试 验

11.1.1 水压试验系统

水压试验系统主要由水箱、过滤器、水压泵、蓄能器、单向阀、试验控制装置等组成,详见图 11-2。水压泵为主要的动力源,通过水压泵的柱塞在缸体内作往复运动产生容积变化实现吸、压试验用水,并注入试验产品中,由于水是不可压缩的,受到压力作用时,便以大小相等的压力向各方面传递,均匀地作用到产品的各个部位。如果某个部位有细小孔隙时,水会渗漏出来。某承压部位强度不够时，就会产生变形和损坏。根据水压试验时检查出来的缺陷位置及性质，就能检查出产品工作时可能存在和出现的问题，提早进行预防和改进。

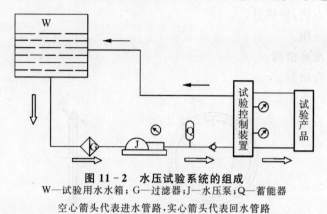

图 11 - 2　水压试验系统的组成
W—试验用水水箱；G—过滤器；J—水压泵；Q—蓄能器
空心箭头代表进水管路，实心箭头代表回水管路

11.1.2　水压试验方式

水压试验方式分为两种：内部试验法（简称内测法）和外部试验法（简称外测法）。

内测法即在试验产品的内部充入试验介质并施加压力，用于检查产品的变形及泄漏情况。如图 11 - 3(a)所示。

外测法即在试验产品外部施加压力，用于检查产品的变形及泄漏情况，如图 11 - 3(b)所示。

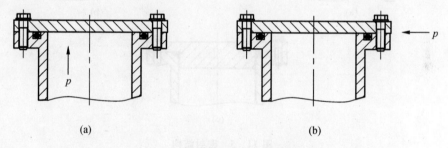

(a) 　　　　　　　　　　　　　　　　　(b)

图 11 - 3　试验方式（p——试验压力）

内测法对试验产品的变形及渗漏情况的观察比较直观，操作简单易行，适用较广。

外测法由于需将试验产品放入另一密闭容器内进行试验，操作较繁琐，无法直接对试验产品的变形及渗漏情况进行观察，适用于体积较小及无法进行内测法试验的产品。

11.1.3　密封元件与密封结构

无论内测法还是外测法，都需将试验产品组成一密闭的容器，因此试验的成败与产品的密封有较大的关系，采用合理的密封结构及密封元件是试验成功的关键因素。

密封元件有很多种，O 形密封圈是比较常用的一种。O 形密封圈是一种小截面的圆环形密封元件。其常用的截面是圆形的，如图 11 - 3 所示。特殊的也有方形、X 形、H 形等异形截面。一般 O 形圈是用合成橡胶制造，用橡胶制造的圆形截面 O 形圈是用途广泛，需要量较大的一种密封件。

O 形密封圈具有如下的特点。

1)尺寸小装拆方便,价格低。

2)动静密封均可用。

3)静密封几乎没有泄漏。

4)单件使用双向密封。

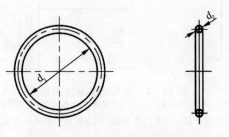

图 11 - 4　常用橡胶 O 形圈形式

d_1—内径;d_2—截径

O 形圈的密封结构较常用的主要有 3 种:①端面密封,②径向密封,③端面倒角槽密封,如图 11 - 5 所示。

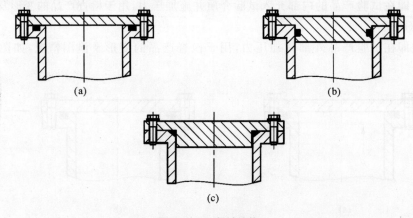

图 11 - 5　密封结构

(a)平面密封;(b)径向密封;(c)端面倒角槽密封

平面密封和端面倒角槽密封应注意:端盖的预紧力应超过液体压力的作用力,避免因液体压力作用的结果,把端盖顶起造成密封间隙过大,压缩量减小,造成泄漏。

径向密封应注意:既要使 O 形圈不被剪切,又要避免倒角斜面与密封接触面。

11.1.4　O 形密封圈的密封机理

O 形圈是一种挤压型密封。O 形圈安装在沟槽和被密封面之间,如图 11 - 6(a)所示。当液体通过间隙进入沟槽时,由于内外压差的作用,把 O 形圈推向沟槽的另一侧面,并把压力传递给接触面,如图 11 - 6(b)。液体压力越大,O 形圈的变形就越大,从而传递给接触面的压力也增大,密封作用也越大。为保证可靠的密封,应使 $p_m > p$。

$$p_m = p_1 + p_0$$
$$p_1 = K \times o_\phi.$$

式中，K 为介质压力传递系数（对于橡胶，$K=1$）。

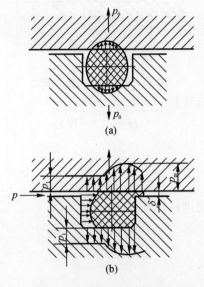

(a)

(b)

图 11-6　O 形圈的密封机理

由以上分析可知：如果 O 形密封圈没有压缩量，O 形密封圈不与被密封面和沟槽底面紧密接触，液体就可能浸润 O 形密封圈截面周边而丧失任何密封作用。如果压缩量太小，初始接触压力很小，最大总接触压力也不会很大，不足以造成满意的密封效果。但是压缩量太大，则可能加大压缩应力松弛作用和永久变形量，影响 O 形密封圈的使用寿命。

11.1.5　O 形密封圈的设计

O 形圈密封是挤压式密封，设计时考虑的主要内容为 O 形圈的压缩和拉伸。压缩量过小，易造成泄漏。压缩量过大：造成应力松弛引起泄漏。拉伸量过大，造成截面直径减少太多而引起泄漏。一般，O 形圈断面应有 $10\% \sim 30\%$ 的压缩变形率，静密封取大的压缩率（$15\% \sim 30\%$），动密封取小的压缩率（$10\% \sim 25\%$）

压缩率的设计可按下式进行计算：

$$W = (d - h)/d.$$

式中　d——O 形圈截径；

　　　h——沟槽深度。

将 O 形圈安装在沟槽内时，要受到拉伸或压缩。若拉伸和压缩的数值过大，将导致 O 形圈截面过度增大或减小，因为拉伸 1% 相应地使截面直径减小约 0.5%。对于孔用（内压）密封，O 形圈最好处于拉伸状态，最大允许拉伸量为 5%；对于轴用（内压）密封，O 形圈最好延其周长方向受压缩，最大允许周长压缩量为 3%。

1）密封沟槽设计：密封沟槽体积应比 O 形圈体积大 15% 左右。设计参数包括形状，尺寸，精度，粗糙度，对于动密封，需要计算相对运动间隙。

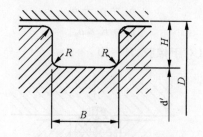

图 11 - 7 密封沟槽的尺寸

密封沟槽的宽度可按下式进行计算:

$$H=d(1-W)$$

式中　H——槽深;

　　　d——O 形圈截径;

　　　W——压缩率。

密封沟槽的深度可按下式进行计算:

$$B=K(1+W^{1.5})d$$

式中　B——槽宽;

　　　d——O 形圈截径;

　　　W——压缩率;

　　　K——取 $1.05\sim1.1$。

2)O 形圈沟槽槽口和槽底圆角设计:

槽口圆角:防止 O 形圈装配时出现割伤和刮伤,$R=0.1\sim0.2$。

槽底圆角:防止出现应力集中,$R=(0.1\sim0.12)d$。

11.2　应　变　测　试

11.2.1　电阻应变片

电阻应变片由敏感栅(电阻丝)、基底、基盖和引出线组成,如图 11 - 8 所示。

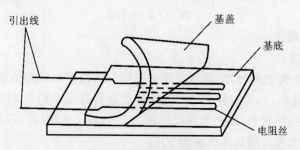

图 11 - 8　应变片的结构

用电阻应变片测量应变时,要将应变片黏贴到试件上,当试件产生变形时,应变片就会跟随一起变形,这时应变片中的电阻丝就会因其机械变形而电阻发生变化。应变片就是应用这个原理,通过测量电阻的变化而对应变进行测定。一般应变片的敏感栅由直径为 $0.01\sim0.05$ mm高电阻系数的的金属丝弯曲成栅状,其电阻变化率为常数,与应变成正比例关系,即

$$\frac{\mathrm{d}R}{R}=K_0\varepsilon$$

式中　R —— 应变片原电阻值,Ω(欧姆);

　　　d_R —— 伸长或压缩所引起的电阻变化,Ω(欧姆);

　　　K_0 —— 比例常数(应变片常数);

　　　ε —— 应变。

　　不同的金属材料有不同的比例常数,这样,应变的测量就通过应变片转换为对电阻变化的测量。由于应变是相当微小的,所以产生的电阻变化也是极其微小的。要精确地测量这么微小的电阻变化是非常困难的,一般的电阻计无法达到要求,为了对这种微小电阻变化进行测量,必须使用专用电阻应变测量仪。

11.2.2　电阻应变测试的主要优缺点

1. 电阻应变测试的主要优点

1)测量方法简单,易于掌握,所用电阻应变片和应变仪价格低廉,故可大量使用。

2)应变片尺寸小,重量轻,粘贴在试件表面上对其工作状态和应力分布的影响很小;没有惰性,不但用于静态测量,且能用于动态测量以及冲击试验和模型试验中的测量。

3)测量应变的灵敏度高,最小可测出 1 个 μm 的量值。

4)频率响应好,可测量 0 至几兆赫的动态应变,惯性极小,可认为对应变的反应是立刻的。

5)测量应变的范围大,不仅可以测量材料弹性范围内的应变,也可以测量材料塑性范围内的应变。

6)测量精度高,在常温常压条件下,如操作技术正确,测量误差可达 1%以下。

7)便于多点测量,易于集中;可以测量狭小部位上的应变如测量孔眼边缘等应力集中地方的应变。

8)测量环境的适应性较强,可在高压、高温、低温高速旋转强烈振动、强磁场、放射线、水中等恶劣环境中使用。

9)利用应变片及其相应元件,可以制造出多种传感器,供测量力、压力、位移、速度、加速度、振荡等力学参数及其他物理量时使用,通用性较好。

10)所用应变片结构简单,便于安装,使用维修方便,稳定性和可靠性较高。

11)品种多样,在尺寸、灵敏度、工作温度、线栅形状等方面有很大的选择范围。

2. 电阻应变测试的主要缺点

1)常规应变片在大应变状态下,电阻变化率与应变呈现较大的非线性,半导体应变片的非线性效应更为明显。

2)常规应变片的输出信号较微弱,抗干扰能力较差,故信号连接线往往要采取屏蔽措施以防止干扰。

3)应变片实际测出的是一点或一块面积中的平均应变,一般不易显示应力集中处的梯度和分布。

4)一般只能反映构件表面的应变而难于测量构件内部应变。

5)应变片对温度等环境反应较敏感,高温等条件下的应变测量需采用各种措施才能保证测量精确度。

11.2.3 应变片的粘贴

从电阻应变片测量应变的基本原理中可以看出,首先要保证应变片与被测物体共同产生变形。其次,要保证电阻应变片本身的电阻值的稳定,才能得到准确的应变测量结果,这是应变片黏贴的基本原则。因此应变片本身的质量和黏贴质量的好坏对测量结果影响很大,应变片必须牢固地黏贴在试件的被测测点上,因此对黏贴的技术要求十分严格。为保证黏贴质量和测量正确,要求如下:

1)认真检查、分选电阻应变片,保证应变片的质量;

2)测点基底平整、清洁、干燥,使应变片能够牢固地粘贴到试件上,不脱落,不翘曲,不含气泡;

3)黏合剂的电绝缘性好、化学性质稳定,工艺性能良好,并且蠕变小,黏贴强度高,温、湿度影响小,确保粘贴质量,并使应变片与试件绝缘,且不发生蠕变,保证电阻应变片电阻值的稳定;

4)粘贴的方向和位置必须准确无误,因为试件上不同位置、不同方向的应变是不同的,应变片必须粘贴到要测试的应变测点上,也必须是要测试的应变方向;

5)做好防潮工作,使应变片在使用过程中不受潮,以保证应变片电阻值的稳定。

1. 应变片的黏贴工艺步骤

(1)应变片的检查与选择

首先要对采用的应变片进行外观检查,观察应变片的敏感栅是否整齐、均匀,是否有锈斑以及短路和折弯等现象。其次要对选用的应变片的阻值进行测量,阻值选取合适将对平衡调整带来方便。

(2)试件的表面处理

为了获得良好的黏合强度,必须对试件表面进行处理,清除试件表面杂质、油污及疏松层等。一般的处理办法可采用砂纸打磨,较好的处理方法是采用无油喷砂法,这样不但能得到比抛光更大的表面积,而且可以获得质量均匀的结果。为了表面的清洁,可用化学清洗剂如氯化碳、丙酮、甲苯等进行反复清洗。值得注意的是,为避免氧化,应变片的粘贴尽快进行。如果不立刻贴片,可涂上一层凡士林暂作保护。

(3)底层处理

为了保证应变片能牢固地贴在拭件上,并具有足够的绝缘电阻,改善胶接性能,可在粘贴位置涂上一层底胶。

(4)贴片

将应变片底面用清洁剂清洗干净,然后在试件表面和应变片底面各涂上一层薄而均匀的黏合剂。待稍干后,将应变片对准划线位置迅速贴上,然后盖一层玻璃纸,用手指或胶辊加压,挤出气泡及多余的胶水,保证胶层尽可能薄而均匀。

（5）固化

黏合剂的固化是否完全,直接影响到胶的物理机械性能。关键是要掌握好温度、时间和循环。无论是自然干燥还是加热固化都要严格按照工艺规范进行。为了防止强度降低、绝缘破坏以及电化腐蚀,在固化后的应变片上应涂上防潮保护层,防潮层一般可采用稀释的黏合剂。

（6）黏贴质量检查

首先是从外观上检查黏贴位置是否正确,黏合层是否有气泡、漏黏、破损等。然后是测量应变片敏感栅是否有断路或短路现象以及测量敏感栅的绝缘电阻是否降低。

11.3　本　章　小　结

液压试验是对产品的强度及密封性能检验的重要手段,也是产品整体考察的关键环节。是设计和工艺系统验证产品能力的技术过程,为考察和验证产品受内压后其定量内应力和应变,一般需要测试其在不同压力状态下的应力分布和极限应力,以及在升降压过程中的材料微变形趋势和完全释放压力后的残余应力和微变形,通过上述定量测试数据,分析产品在实际使用中的能力和可靠性。

液压试验主要针对产品在受压条件下各部位的承载能力和密封性能的考核,是定性的分析。而应变测试可直观的反映产品在各级压强下的应变值和位移值,通过应变值和位移值就可以得出产品的受力情况,是定量的分析。两者的结合,对提高产品的性能检测及设计改进是必不可少的。

思　考　题

1. 已知 O 形密封圈截径 ϕ4 mm,采用平面静密封,压缩率为 30％,试确定密封沟槽的尺寸并画出密封沟槽的简图?

2. 密封沟槽的设计参数包括那些?

3. 应变片黏贴的基本原则是什么?

参 考 文 献

[1] 熊大远.实用钣金技术手册[M].北京:化学工业出版社,2009.

[2] 尚育如.航天工艺基础知识培训教材:下[M].北京:中国宇航出版社,2006.

[3] 技工学校机械类通用教材编审委员会.冷作工艺学[M].北京:机械工业出版社,2009.

[4] 王爱珍.钣金技术手册[M].郑州:河南科学技术出版社,2006.

[5] 实用钣金技术手册编写组.实用钣金技术手册[M].北京:机械工业出版社,2001.

[6] 师昌绪,钟群鹏,李成功.中国材料过程大典[M].北京:化学工业出版社,2005.

[7] 王成和,刘克璋.旋压技术[M].北京:机械工业出版社,1986.

[8] 李继贞,李志强,余肖放.我国旋压技术的现状与发展[J].锻压技术,2005(增刊):17-20.

[9] 赵云豪.旋压技术现状[J].锻压技术,2005(5):95-100.

[10] 徐洪烈.强力旋压技术[M].北京:国防工业出版社,1984.

[11] 石亦平,周玉蓉.ABAQUS有限元分析实例详解[M].北京:机械工业出版社,2006.

[12] 曹金凤,石亦平.ABAQUS有限元分析常见问题解答[M].北京:机械工业出版社,2006.

[13] 赵腾伦,姚新军.ABAQUS6.6在机械工程中的应用[M].北京:中国水力水电出版社,2007.

[14] 陈适先,贾文铎,等.强力旋压工艺与设备[M].北京:国防工业出版社,1986.

[15] 陆严清.塑性变形理论及应用[M].北京:国防工业出版社,1988.

[16] 俞汉清,陈金德.金属塑性成形原理[M].北京:机械工业出版社,2002.

[17] 许沂,李萍,等.筒形件反旋旋压力模拟分析[J].热加工艺,1999(3):26-27.

[18] 卫原平,王轶为.工艺参数对筒形件强力旋压过程的影响[J].模具技术,2000(4):12-16.

[19] 韩冬,陈辉.温度梯度对TA1旋压圆筒质量的影响[J].固体火箭技术,1999,22(1):72-74.

[20] 杨延涛.D406A超高强度钢筒形件强力旋压工艺参数优化及工艺数据库研究[D].西安:航天动力技术研究院,2004.

[21] 韩冬,杨合,等.工艺参数对Ti75合金筒形件旋压成形的影响[J].宇航材料工艺,2011(4):48-50.

[22] 牟少正,韩冬.有色金属旋压技术研究现状[J].航天制造技术,2008(4):28-42.

[23] 张文钺.焊接冶金学[M].北京:机械工业出版社,2004.

[24] Shamantha C R, Narayanan R, Iyer K J L. Microstructural changes during welding and subsequent heat treatment of 18Ni (250-grade) maraging steel[J]. Materials Science and Engineering A, 2000(287):43-51.

[25] Tsay L W, Chen C, Aho J N. Effect of ageing treatment on fatigue and mechanical properties of T250 maraging steel[J]. Journal of Chinese Society of Mechanical Engineers, 1994(15):23.

[26] 崔忠圻.金属学与热处理[M].北京:机械工业出版社，1996.

[27] 杨春利,林三宝.电弧焊基础[M].哈尔滨:哈尔滨工业大学出版社,2003.

[28] 徐祥久,李宜男.窄间隙热丝 TIG 焊接工艺研究及缺陷分析[J].电焊机,2010(2):27-29.

[29] 徐卫平,等.计算机在焊接物理冶金中的应用[J].江西科学,2003,21(4):347-350.

[30] 林三宝,等.计算机在焊接中的应用现状和发展前景[J].焊接,1998(1):2-4.

[31] 张裕明,等.TIG 焊熔透正面视觉自适应控制的研究[D].哈尔滨:哈尔滨工业大学,1990.

[32] 陈志翔,等.适合焊接应用的智能激光视觉传感技术[J].焊接,2009(5):4-7.

[33] W Daum, P Rose, H Heidt, et al. Automatic Recognition of Weld Defect in X-ray Inspection[J]. British Journal of NDT, 1987,29(3):79-82.

[34] Gray A, et al. Automatic recognition of welding defects in real-time radiography[J]. NDT. International,1990,23(3):131-136.

[35] Shamantha CR, Narayanan R, Iyer KJL. Microstructural changes during welding and subsequent heat treatment of 18Ni (250-grade) maraging steel[J]. Materials Science and Engineering A, 2000(287): 43-51.

[36] 张秉刚,吴林,冯吉才.国内外电子束焊接技术研究现状[J].焊接,2004(2):5-8.

[37] 吴军,张立武,等. 电子束扫描焊接与焊缝凝固组织及性能的关系[J].焊接技术. 2003,32(3):6-7.

[38] 王宗杰.熔焊方法及设备[M].北京:机械工业出版社,2006.

[39] 杨建国.焊接结构有限元分析基础及 MSC.Marc 实现[M].北京:机械工业出版社,2012.

[40] 热处理手册编委会.热处理手册[M].北京:机械工业出版社,1992.

[41] 安运铮.金属热处理工艺学[M].北京:机械工业出版社,1986.

[42] 王秉铨.工业炉设计手册[M].北京:机械工业出版社,1996.

[43] 孟繁杰,黄国靖.热处理设备[M].北京:机械工业出版社,1988.

[44] 马登杰,韩立民.真空热处理与工艺[M].北京:机械工业出版社,1988.

[45] 阎承沛.真空与可控气氛热处理[M].北京:化学工业出版社,2006.

[46] 机械工业理化检验人员技术培训和资格鉴定委员会.金相检验[M].北京:中国计量出版社,2008.

[47] 机械工业理化检验人员技术培训和资格鉴定委员会.力学性能试验[M].北京:中国计量出版社,2008.

[48] 机械工业理化检验人员技术培训和资格鉴定委员会.化学分析[M].北京:中国计量出版社,2008.

[49] 费业泰.误差理论与数据处理[M].北京:机械工业出版社,2000.

[50] 张元照.搞好航天计量工作为发展航天计量服务[J].导弹与航天运载技术,2000(3):21-24.

[51] 李继东.计量测试与航天科技[J].宇航计测技术,2001,21(5):52-56,62.

[52] 郑世才.射线检测[M].北京:机械工业出版社,2003.

[53] 史亦韦,何双起.超声检测[M].北京:机械工业出版社,2003.

[54] 叶代平,苏李广.磁粉检测[M].北京:机械工业出版社,2004.

[55] 广廷洪,汪德涛.密封件使用手册[M].北京:机械工业出版社,1994.

[56] 刘后桂.密封技术[M].长沙:湖南科学技术出版社,1981.

[57] 夏廷栋.液压传动的密封与密封装置[M].北京:中国农业机械出版社,1982.

[58] 陈绍元.材料力学实验指导[M].上海:高等教育出版社,1985:61-112.

[59] 张如一.实验应力分析[M].北京:机械工业出版社,1983.

[60] 郑秀瑷,谢大吉.应力应变电测技术[M].北京:国防工业出版社,1985.

[61] 王月华,石兴玉.30CrMnSiA薄板的焊接[J].金属铸锻焊技术,2009(9):132-133.

[62] 周振丰.焊接冶金学[M].北京:机械工业出版社,1996.

[63] 樊兆宝.30CrMnSiA钢高压容器的焊接与加工[J].焊接质量控制与管理,2007,36(5):63-65.

[64] 林三宝,等.计算机在焊接中的应用现状及发展前景[J].焊接,1998(1):2-4.

[65] 汪建华,戚新海,等.计算机辅助设计和人工智能在焊接中的应用[J].造船技术,1994(3):41-44.